创 意 服 装 设 计 系 列

李 正 丛书主编

创意服装

服饰美学与搭配艺术

第二版

余巧玲 宋柳叶 王伊千 编著

化学工业出版社

·北京·

内容简介

本书以基础美学理论为主要框架，融合了与服装行业相关的实例，全面探讨了服饰与美学的概念、服饰设计所遵循的美学原则、服饰搭配基础知识、服饰美与形象设计的关系，以及现当代中西方服饰审美上的差异和实用服饰搭配案例点评等内容。本书在第一版的基础上，更新了现代服饰形象与服饰搭配的设计案例和理论知识，采用了更细致的分类模式，通过整合实例和案例分析，寻求创新点，帮助读者全面理解服饰美学及其实践应用。

本书适合作为高等院校服装专业的教材，其内容涵盖了从基础理论到实践技巧的全方位指导，有助于培养学生的综合能力和实践技能。同时，本书也可作为服饰行业从业者的培训用书，为他们提供更新的美学理论和实践经验。此外，对广大服装爱好者而言，本书也是一本深入了解服饰美学与实践的优秀读物，能够为他们提供丰富的知识和启发。

图书在版编目（CIP）数据

服饰美学与搭配艺术 / 余巧玲，宋柳叶，王伊千编著 . -- 2 版 . -- 北京：化学工业出版社，2024. 8.（创意服装设计系列 / 李正主编）. -- ISBN 978-7-122-45803-2

Ⅰ. TS941.11

中国国家版本馆 CIP 数据核字第 2024SC3905 号

责任编辑：徐　娟　　　　　　　　　　　　装帧设计：中图智业
责任校对：宋　夏　　　　　　　　　　　　封面设计：刘丽华

出版发行：化学工业出版社（北京市东城区青年湖南街 13 号　邮政编码 100011）
印　　装：北京瑞禾彩色印刷有限公司
787mm×1092mm　1/16　印张 10½　字数 250 千字　2024 年 8 月北京第 2 版第 1 次印刷

购书咨询：010-64518888　　售后服务：010-64518899
网　　址：http://www.cip.com.cn
凡购买本书，如有缺损质量问题，本社销售中心负责调换。

定　　价：68.00 元

服装的意义

　　"衣、食、住、行"是人类赖以生存的基础，仅从这个方面来讲，我们就可以看出服装的作用和服装的意义不仅表现在精神方面，其在物质方面的表现更是一种客观存在。

　　服装是基于人类生活的需要应运而生的产物。服装现象因受自然环境及社会环境要素的影响，其所具有的功能及需要的情况也各有不同。一般来说，服装是指穿着在人体身上的衣物及服饰品，从专业的角度来讲，服装真正的含义是指衣物及服饰品与穿用者本身之间所共同融汇综合而成的一种仪态或外观效果。所以服装的美与穿着者本身的体型、肤色、年龄、气质、个性、职业及服饰品的特性等是有着密切联系的。

　　服装是人类文化的表现，服装是一种文化。世界上不同的民族，由于其地理环境、风俗习惯、政治制度、审美观念、宗教信仰、历史原因等的不同，各有风格和特点，表现出多元的文化现象。服装文化也是人类文化宝库中一项重要组成内容。

　　随着时代的发展和市场的激烈竞争，以及服装流行趋势的迅速变化，国内外服装设计人员为了适应形势，在极力研究和追求时装化的同时，还选用新材料、倡导流行色、设计新款式、采用新工艺等，使服装不断推陈出新，更加新颖别致，以满足人们美化生活之需要。这说明无论是服装生产者还是服装消费者，都在践行服装既是生活实用品，又是生活美的装饰品。

　　服装还是人们文化生活中的艺术品。随着人们物质生活水平的不断提高，人们的文化生活也日益活跃。在文化活动领域内是不能缺少服装的，通过服装创造出的各种艺术形象可以增强文化活动的光彩。比如在戏剧、话剧、音乐、舞蹈、杂技、曲艺等文艺演出活动中，演员们都应该穿着特别设计的服装来表演，这样能够加强艺术表演者的形象美，以增强艺术表演的感染力，提高观众的欣赏乐趣。如果文化活动没有优美的服装作陪衬，就会减弱艺术形象的魅力而使人感到无味。

　　服装生产不仅要有一定的物质条件，还要有一定的精神条件。例如服装的造型设计、结构制图和工艺制作方法，以及国内外服装流行趋势和市场动态变化，包括人们的消费心理等，这些都需要认真研究。因此，我们要真正地理解服装的价值：服装既是物质文明与精神文明的结晶，也是一个国家或地区物质文明和精神文明发展的反映和象征。

本人对于服装、服装设计以及服装学科教学一直都有诸多的思考，为了更好地提升服装学科的教学品质，我们苏州大学艺术学院一直与各兄弟院校和服装专业机构有着学术上的沟通，在此感谢苏州大学艺术学院领导的大力支持，同时也要感谢化学工业出版社的鼎力支持。本系列书的目录与核心观点内容主要由本人撰写或修正。

本系列书共有 7 本，参加的作者达 25 位，他们大多是我国高校服装设计专业的教师，有着丰富的高校教学和出版经验，他们分别是杨妍、余巧玲、王小萌、李潇鹏、吴艳、王胜伟、刘婷婷、岳满、涂雨潇、胡晓、李璐如、叶青、李慧慧、卫来、莫洁诗、翟嘉艺、卞泽天、蒋晓敏、周珣、孙路苹、夏如玥、曲艺彬、陈佳欣、宋柳叶、王伊千。

李正

2024 年 3 月

前　言

人类的生活离不开服饰，从古至今，服饰经过历史的演变，既是生活必需品，又是一门艺术。郭沫若曾说："服装是文化的表征，衣裳是思想的形象。"可见衣着打扮可以体现一个人的文化修养，体现一个民族文化的状态。服饰作为一种符号和象征，可以表明一个人的身份、个性、气质、情绪和感觉，也可以反映一个人的追求、理想和情操。服饰美学是以审美经验为中心，研究服饰及其设计的学科，同时也是展现服饰美感的根本。服饰搭配艺术将服饰艺术和服饰审美结合起来，使服饰既具有实用性、又富于形式美感。

中共中央办公厅、国务院办公厅印发的《关于全面加强和改进新时代学校美育工作的意见》指出：美是纯洁道德、丰富精神的重要源泉。当前，美育已纳入各级各类学校人才培养全过程，贯穿学校教育各学段。服饰美育并非服饰设计教育，也不单纯是服饰搭配技巧培训。服饰美育是从服饰入手而进行的审美教育生活化，不仅能提升人的审美素养，还能潜移默化地影响人的情感、趣味、气质、胸襟，激励人的精神，温润人的心灵。与传统意义上的美育有所不同，服饰美育源生于生活，根植于生活，更不能脱离生活，深入研究服饰搭配艺术对传播服饰的美学常识、提高服饰文化水平、完善美育目标有一定的意义。

本书基于"服饰""人""美学"三者的关系，分别从服饰与美学概述、服饰设计的美学原则、服饰搭配基础知识、服饰美与形象设计、现当代中西方服饰的审美差异以及实用服饰搭配案例点评六个独立而互相关联的章节来加以论述。我们站在流行的前沿，总结服饰美学的规律，以深入浅出的讲授方式，使读者更快、更深入地掌握服饰搭配、形象设计的技巧。同时，本书将现代服饰美学的理论和方法渗透到具体实践之中，以理论和实践相结合为宗旨，给读者以新的思想、新的设计理念，培养读者的创造能力和审美能力。很显然，服饰美学与搭配艺术不仅对设计者至关重要，对穿着者也是同等重要。因此，本书是为高校服装专业人才以及广大服装爱好者编著的。

本书由余巧玲、宋柳叶、王伊千编著。在此感谢苏州大学艺术学院、苏州大学艺术研究院、合肥师范学院艺术传媒学院的各位领导给予的大力支持，感谢李正教授为本书撰写提出的最初设想。最后特别感谢苏州大学艺术学院王巧博士、刘婷婷博士、苏州高等职业技术学校杨妍老师等对本书的大力支持。

本书第一版自2018年出版以来，深受读者好评，被多所高校选作教材，多次重印。此次再版是在第一版的基础上，结合当前的前沿理论与数据，对内容进行更新。在撰写过程中我们参阅和引用了部分国内外的相关文献资料和图片，对于参考文献的编著者和部分图片的原创者，在此一并表示感谢。由于服装行业发展迅速，服饰搭配艺术更新较快，本书的内容难免存在遗漏与不足之处，敬请各位专家、读者批评指正！

编著者

2024年2月

第一版前言

人类的生活离不开服饰，从古至今，服饰经过历史的演变，既是生活必需品，又是一门艺术。郭沫若曾说："服装是文化的表征，衣裳是思想的形象。"可见衣着打扮体现一个人的文化修养，体现一个民族文化的状态。服饰作为一种符号和象征，可以表明一个人的身份、个性、气质、情绪和感觉，也可以反映一个人的追求、理想和情操。服饰美学是以审美经验为中心，研究服饰及其设计的学科，同时也是呈现服饰美感的根本。服饰搭配艺术将服饰艺术和服饰审美结合起来，使服饰既具有实用性、又富于形式美感。

服饰美学属于美学研究的范畴，它与普通美学在本质上是相通的，而且既与哲学相联系，又具有自己研究的侧重点，既有侧重于服饰的审美意识、审美心理、审美标准、审美情趣等基础理论，又包括应用理论与发展理论。也就是说，服饰美学有自己的独立体系和由此产生出的切合人类文化学研究的崭新立意和构思。它能够深化人们的设计理论知识，提升审美情趣和文化内涵。服饰搭配艺术是哲学范畴的经典美学与贴近现实生活的实用美学相结合的产物，它实现了美学中形而上与形而下美学的统一。服饰搭配艺术可以解决现实问题，在理论上促进了"宏观美学的微观化"和"美学研究的细分化"。因此，深入研究服饰搭配艺术对传播服饰的美学常识、提高服饰文化、完善素质教育有一定的意义。

本书基于"服饰""人""美学"三者的关系，分别从服饰与美学概述、服饰设计的美学原则、服饰搭配基础知识、服饰美与形象设计、现当代中西方服饰的审美差异以及实用服饰搭配案例点评六个独立而互相关联的章节来加以论述。我们站在流行的前沿，总结服饰美学的规律，以深入浅出的讲授方式，使读者更快、更深入地掌握服饰搭配、形象设计的技巧。同时，将现代服饰美学的理论和方法渗透到具体实践之中，以理论和实践相结合为宗旨，给读者以新的思想、新的设计理念，重视培养读者的创造能力和审美能力。很显然，服饰美学与搭配艺术不仅对设计者至关重要，对着装者也是同等重要的。本书也正是为高校服装专业人才以及广大服装爱好者编著的。

本书由宋柳叶、王伊千、魏丽叶编著。在此还要特别感谢苏州大学艺术学院、合肥师范学院艺术传媒学院的各位领导给予的大力支持，以及李正教授为本书最初撰写提出的设想。

在撰写过程中我们参阅和引用了部分国内外的相关文献资料和图片，对于参考文献的编著者和部分图片的原创者，在此一并表示感谢。由于时间仓促加之水平有限，本书的内容还存在不足之处，恳请同行及读者给予批评指正！

编著者

2018 年 6 月

目 录

目　录

第一章
服饰与美学概述

服饰美学（Costume Aesthetics）形成于 19 世纪与 20 世纪之交，是研究服装美、美感及其规律的学科。它既隶属于普通的美学范畴，又遵循服饰艺术与服饰审美的特殊规律，主要研究内容是服饰与穿着者、环境融为一体的综合美感效果。

服饰是人们为了生存而创造的物质条件，又是人类在社会生存活动中的一种重要的精神表现要素。服饰艺术是指人类使用一定的装饰品来对自身进行美化的一种艺术。随着人们生活水平的提高，服饰除了满足人们实用的需要之外，其装饰美化作用越来越受到人们的重视，贯穿在我们的日常生活中，成为一种最为常见的生活艺术。

第一节　相关概念

服饰美学是研究服饰美的本质的哲学，主要研究服饰审美意识的起源与发展、服饰审美规律、服饰审美艺术风格等。它属于社会科学范畴，与政治、哲学、经济学、心理学、文化学、民俗学以及宗教等学科紧密联系，也包含了工艺技术等自然科学方面的内容。从服饰的审美性来说，服饰美学包含了服饰造型美、色彩美、材质美、结构美、装饰美以及形式美等；从服饰的实用性来看，它包含了护理性能、舒适性能、社会礼仪性能以及卫生性能等。

一、服饰的基本概念

服饰既是人类文明的标志，又是人类生活不可缺少的要素。它除了满足人们的物质生活需要外，还代表着一定时期的社会文化背景。随着经济的发展、多元文化的融合，服饰不仅成为人类文明与进步的象征，同时也成为一个国家、民族文化艺术的重要组成部分。服饰是随着社会文化的延续而不断发展的，它不仅具体地反映了人们的生活方式和生活水平，而且也体现了人们思想意识和审美观念的变化。服饰这一专业术语概念上有广义和狭义之分。

（一）广义上的服饰概念

广义上的服饰是指服装及其装饰，它包括服装和服饰配件两个部分。

其一，服装。这是人们所穿着的服装类型的总称，其构成的三个基本元素包括面料、款式以及色彩。服装是运用形式美法则和技法将款式造型、色彩搭配以及面料选用等要素进行设计，使之形成类型各异、相对具体的单品，如风衣、外套、裙子、裤子等。由于经济的发展和人们生活水平的提高，现在服装的款式越来越丰富，根据不同用途，可分为：用于正式社交场合的礼服

（图1-1）；用于日常生活的生活装（图1-2）；用于各种职业劳动的职业装（图1-3）；用于体育活动的运动装；用于各种演艺活动的演出服；用于家庭内穿着的家居装等等。

图 1-1　礼服　　　　　　　　图 1-2　生活装　　　　　　　　图 1-3　职业装

其二，服饰配件。主要包括附着于人身上的饰品，还包含身体以外与服装有关的物品，如帽子、鞋、围巾、领带、胸针、眼镜、手表以及手链等物品。

因而，服饰具有较广泛的概念，泛指人类穿戴、装扮自己的行为及其着装状态。

（二）狭义上的服饰概念

狭义上的服饰是指服装的配饰或装饰。具有两种含义：一是服饰配件，其发展既有其独立性，又有对服装的依附性(图1-4)；二是指服装的装饰用品或衣服上的装饰，如服饰图案、色彩等（图1-5）。

图 1-4　服饰配件示例

图 1-5　服装及其上的装饰示例

二、美学的基本概念

生活中处处都离不开美。美是一种客观存在的社会现象，它是人类通过创造性的劳动实践，把具有真和善的品质的本质力量在对象中体现出来，从而使对象成为一种能够引起爱慕和喜悦情感的观赏形象。美只有通过审美对象才能反映出来，没有审美对象，也就不存在美，而审美对象既是美的载体，也是美的组成部分，并且是美显现于人们面前的直接要素。

（一）美学的定义

简单地说，美学是研究人与现实审美关系的学问。它既不同于一般的艺术，也不单纯是日常的美化活动。美学是以一切美的领域为研究对象。具体地说，包括美的存在、美的本质、美的规律、美的认识、美的感受以及美的创造等领域。美学是设计的思想和灵魂。

美学是在社会的物质生活与精神生活的基础上产生和发展起来的，是近代人类社会发展的产物。美学无处不在，大到整个社会，小到个人生活。我们可以从所能感受到的现象以及所体验到的美的方面进行分析。在生活中，漂亮的东西也是一种美。尤其是服饰，因为漂亮才会被大多数人喜爱、效仿，从而演变成一种时尚和流行。因此，爱美的人士通常先认识自我，找到符合自己性格和气质的服饰，再加上自己所具备的内涵，这才是真正的美，是服饰和人结合起来的整体美（图 1-6）。

图 1-6　服饰美的传达

（二）审美对象

审美对象指的是能使人产生美的感受的事物。它包括被发现的对象与被创造的对象两类。前者是指自然存在的事物，例如美的风景、花卉，美貌的人等，人们可以发现他们的美，从而获得美的愉快感受（图1-7）；后者是指艺术家及其他一些人，按照自己对美的规则的理解，有计划地创造出来的艺术品或是带有艺术性的东西，如诗歌、图画、雕塑、戏剧、服装、建筑、工艺品等，由于这些事物是在人类的审美经验的基础上被创造出来的，它们自然地成为人们的审美对象（图1-8）。

图1-7 被发现的审美对象

图1-8 被创造的审美对象

审美对象是审美活动中不可缺少的一个因素。它存在于对象本身所具有的一定形式中，例如线条、色彩、声音、构造、比例、文字、语言等，透过人们的感官，激发出人们的审美情感。也就是说，只有当人们与审美对象构成一定的审美关系，人们才能获得审美经验。随着人类审美经验的积累，成为人类审美对象的事物的范围逐渐扩大，对象的形式和内容也渐趋复杂。

对某些人构成审美对象的事物，不一定对其他人也构成审美对象，这是因为每个人的审美经验的广度和程度不同，或者是因为每个人在审美对象面前所持有的态度与情绪不同。

（三）审美观念

审美观念是指对审美活动所具有的一种认识。由于现实生活中，每个人的文化修养、个人气质、审美经历不同，审美观念也往往有所不同。有些人欣赏美的对象侧重于内容所体现的一种观念，有些人则侧重于对形式的感受；有些人欣赏纯且美的东西，有些人则喜欢看到美与丑的对比、善与恶的对比；有些人欣赏崇高悲壮的美，有些人则欣赏温柔敦厚的美。由于审美观念是经过理性思考的，因此它不同于一般的审美情趣和审美直觉，后者较易发生变化，有偶然性的可能，而前者主动性、自觉性较强，因此在一个人身上保持的时间更长久。

审美观念是在审美经验积累到一定程度时才产生的，它将人模糊不定的、零碎的审美感受归纳为较明确、较系统的认识；它对一个人的审美感觉起到一定的引导与规范作用。当然一个人的审美观念并非一旦形成就永远不变，因为个人新经验的获得，或受其他人审美观念的影响，均可能改变或修正一个人的审美观念。

（四）审美感觉

感觉是人一切认识活动的基础，亦是客观事物在人头脑中的主观印象。人们在审美中对某个色彩、音符、形状的感觉之所以有愉快或不快的感觉，不是单纯由生理感受造成的，美感经验在其中也起到了很大的作用。

我们对客体对象的审美感觉可以分解为两个阶段。首先是对客体对象本身的感性形式的感觉，如红色这一色彩，会使人产生一种温暖、热情的感受，这是直接由生理和心理的活动引起的；其次是更深层次的感受，这就不仅是对客体对象客观物理属性的感受，而且是对其文化属性的感受，这种感觉主要是由联想获得的，与人的个体经历、文化背景以及审美经验有关。审美感受的愉快与生理快感有一定联系，生理的感受是想象活动的基础。人的感觉与动物的感觉的区别就在于，人在感受外界对象时，能将客体对象所激发的某些生理感受与某些社会生活模式和情感内容找到结构上的相似处，并不自觉地融合起来、互相渗透，这使得感觉具有特定的社会意义，从而获得审美感受。

三、搭配的基本概念

所谓服饰搭配，即 fashion coordination，含有搭配、调配之意，是指服饰形象的整体设计、协调和配套。服饰搭配既与服饰本身有关，又与服饰的穿着者、周围环境等因素密不可分。总体而言，服饰搭配包含服装款式要素、服装色彩要素、服饰配件要素以及个人条件要素等，这些要素相互交错，影响着整体的着装面貌。服饰搭配包括服装、配饰、发型以及化妆等因素在内的组合关系，而且其中涉及造型、色彩、肌理、纹饰等诸多要素（图1-9）。

服饰搭配是一门综合性的艺术，其不仅是服装及饰品的综合表现，更重要的是服饰搭配美具有一定的相对性，脱离了一定的环境、时间的背景，脱离了着装的主体，是没有所谓服饰搭配美的。

四、流行的基本概念

流行又称时尚，是指一个时期内社会上或某一群体中广为流传的生活方式。流行广泛涉及人们生活的各种领域，既可以发生在一些日常生活中最普通的领域，如服装、配饰等方面，也可以发生在社会的接触和活动中。

图 1-9　服饰搭配示例

服饰流行是指在一定时期、一定空间范围内，某种服饰在一个群体中广为流行的款式、色彩、材料、图案、工艺、装饰以及穿着方式等的审美倾向，他们的这种审美倾向可以通过直接的社会交往或大众传播媒介的暗示，引起许多人有意或无意地效仿，而这些效仿者又引起更多人的追随，形成一种链式正反馈效应，甚至可以在短期内扩大到数量庞大的社会成员，达到狂热的地步。很多权威机构会根据这些现象对之后的流行趋势进行推测与猜想（图 1-10）。由于服饰流行是在不同时代、不同环境条件下对某一服饰样式特征的充分反映，因此，某一新创作的样式能不能进入另一地的流行圈，很大程度上取决于穿着者的审美情趣、风俗习惯、文化素质等方面。流行具备新颖性、短时性、普及性以及周期性四大特征。

图 1-10　POP 时尚流行趋势网官网页面

（一）新颖性

新颖性是流行最为显著的特点。流行的产生是基于消费者寻求变化的心理和追求"新"的表达。人们希望对传统的突破，期待对新生的肯定。这一点在服装上主要表现为款式、色彩、面料这三个要素的变化上。

（二）短时性

服装的短时性指的是服装款式和时尚潮流在较短时间内迅速变化，导致某一特定款式或流行元素的生命周期较短。这种现象在时尚行业尤为显著，随着季节、文化和社会趋势的变化，新款式不断涌现，取代旧款式。时装一定不会长期流行，长期流行的一定不是时装。一种服装款式如果为众人接受，便否定了服装原有的"新颖性"的特点，这样人们便会开始新的"猎奇"。如果流行的款式被大多数人放弃的话，那么该款式便进入了衰退期。

（三）普及性

服装的普及性指的是某种服装款式、设计或时尚元素在广泛的社会群体中流行开来，被大量消费者接受和穿着的现象。一种服装款式只有被大多数目标顾客接受了，才能形成真正的流行。追随、模仿是流行的两个行为特点。如果只有少数人采用，无论如何是掀不起流行趋势的。

（四）周期性

由于服装的样式或种类不同，有些样式最终被淘汰，而有些样式却在一定程度上被人们接受，有的服装样式消失后，过一段时间还会以新的面目重新出现。这就是流行的周期性。所谓流行周期，是指某种样式的服装两次流行之间所经历的时间。

由于影响服饰流行的因素很多，服饰的类型也较多，因此，服饰的流行周期也有长有短，有快有慢。其演变规律有以下几种：越是夸张的服饰款式，其流行周期越短暂，而简洁、朴实的服饰款式则流行周期较长；消费水平高，服饰更新快，其流行周期短，而消费水平低，服饰更新慢，流行周期就较长；室外服饰流行周期短，而室内服饰流行周期长；外衣流行周期短，内衣流行周期长；夏季服饰流行周期短，冬季服饰流行周期长。

第二节　服饰的起源

服饰究竟是在什么时候开始出现在人类的意识中的呢？旧石器时代后期是距今大约3万年至1万年的一段历史时期，即人类以狩猎、捕鱼和采集植物类食物为生的所谓自然经济时代。研究发现，那时已出现服饰现象了。这一时期一般分为奥瑞纳文化阶段（约3万年前）、索鲁特文化阶段（约25000年前）和马德林文化阶段（约2万年前），这些文化阶段都属于冰河时代。

现代文明社会是从原始社会发展而来，作为文化与社会的产物——服饰，也起源于那个遥远的年代，甚至更早。关于服饰的起源问题是十分复杂的。由于研究者的立场不同，得出的结论也完全不同。每一种学说都有各自的立场，但不存在真正的准确和唯一的起源说，代表性的起源学说有生理需求论、心理需求论以及性别需求论。

一、生理需求论

一提到服饰的功能，我们最直接的就会想到"保护"这项功能。身体保护说从生理的角度出发，以人的生理与自然环境的关系予以评论，认为服饰能起到保护人体的作用，保护身体既是服饰的起源，又是起因。

（一）气候适应说

气候适应说强调服饰的诞生是基于人类生理的需要。随着人类的进化，身上的体毛逐渐退化，气候的冷暖变化直接影响人类的生理需求，因此人类早在原始社会就学会以兽皮、树叶、羽毛、草片等包裹身体，以抵御寒冷。大约距今 10 万至 5 万年前，欧洲大陆上的原始人为抵御第四冰河期的寒冷，开始制作兽皮服饰（图 1-11）。即使现在，仍有许多居住在寒冷地区的原始人选择简易的"服饰"蔽体防寒。就拿爱斯基摩人来说，他们率先利用毛皮制作服饰，妇女们利用牙齿咬皮革，使其柔软，以便于穿着。在热带地区，由于暑热，生活在某些热带地区的居民至今仍以裸态的生活方式生活。不过，也有因热而穿衣服的现象。生活在沙漠地区的人，由于沙漠地带气温很高，湿度却很低，非常干燥，人体的水分蒸发得相当厉害，发汗很多，而皮肤却没有汗，因为汗水很快就会被蒸发掉。所以这里的人们穿衣服主要是为了防止汗的蒸发，同时也避免日光暴晒。

（二）身体保护说

《释名·释衣服》称："衣，依也，人所以避寒也。"美国服装史论专家玛里琳·霍恩认为："最早的衣物也许是从抵御严寒的需要中发展而来的。"身体保护说认为，人们穿衣服是为了避免自然界中存在的危害人类生存的因素。特别是人类从四足行走进化为两足直立行走后，因为在狩猎等剧烈活动中某些部位容易受伤，且极为不便，因而需要将某些部位包裹起来，进而产生了腰绳或腰布这种人体包裹物品。这种行为逐渐发展到把身体其他部位包裹起来，进而扩展至全身，形成人类最初的服装。人类祖先为了在狩猎和劳作时，使赤裸的手腕和脚腕免遭荆棘的刺伤和野兽侵害，用木头、兽皮做成护腕的手镯、脚镯，并且日益精巧、灵便，人类的服饰就逐渐形成了（图 1-12）。

图 1-11 早期人类的兽皮服饰

图 1-12 古埃及人民劳作图

二、心理需求论

在人类的生理进化过程中，随着嗅觉敏锐程度的退化，视觉敏锐程度的增强，人们对于形象、色彩、光的感受能力越来越精细和敏锐，对美的感知能力逐渐提高。用一些美丽的羽毛、闪光的贝壳、彩绘、刺青等装饰自己，都是出于审美和满足心理需求的需要。

（一）护符装饰说

原始社会生产力非常低下，在强大的自然面前，人类显得非常渺小，人们希望借助于精神的力量来对抗自然，因此就有了灵魂和肉体分离的想象。护符装饰说认为服饰的起源是对自然和图腾的信仰，用赋有寓意的饰物装饰人体，这种穿戴行为逐渐演变发展为人类着装模式。原始居民为了保护善的灵魂并使恶的灵魂不能近身，就把认为可以辟邪和祈福的诸如足蹄、尖角、贝壳、羽毛、兽牙等装饰在身上（图1-13）。他们认为服饰具有肉眼看不见的超自然力量，穿戴在身上有一种驱邪的作用，能用来保护他们，抵御可能伤害人类的妖魔。另外，在一些原始部落里，为了求得族群的认同以及表达对种族信仰的坚定，族人们也会在身上涂抹或穿戴象征该种族图腾的符号，以博取该种族间的尊重和互相信任，这也是一种信仰、一种寄托。这种简陋的身体装饰逐渐演变发展为人类最早的服饰。

（二）象征说

象征说认为挂在身上的物品最初是作为身份象征而使用的。在原始人看来，佩戴动物的牙齿、羽毛、贝壳等被认为是具有令人仰慕的特殊本领，同时也是一种财富的象征。原始人用兽皮等饰物象征自己的英武；用野兽的牙齿、骨骼和身体的刀痕等，向人们显示自己在狩猎中的勇敢和成绩。例如，印第安人头冠的高低标志着主人财富的多少，头冠越高，威望也就越大，借此显示优越感（图1-14）。中国自古以来崇尚服饰制度，有"衣冠王国"的雅誉，并借服饰的形制、色彩、服章等以区别阶级、维系伦常。服饰在不同时期充当着不同的社会角色、象征身份和地位。

图 1-13 尼安德特人造出的人类早期首饰

图 1-14 印第安人头冠

（三）装饰审美说

服饰起源于审美是一种普遍的说法，即认为服饰起源于一种美化自我的愿望，是人类追求情感的表现。人们通过大量的实验发现，一些高级动物对美都有一种本能的追求。原始人看到美丽的花朵、光洁鲜艳的羽毛就会顺手摘下来，装饰在自己的身体上。印第安首领作战用的无边扁平软帽是用雄鹰毛制作的。原始人将发现的玛瑙、宝石经过细心琢磨，镶嵌在一个圆环上，这就是最早的项链和手镯。人们都想得到美丽别致的小物品，装饰在众人可见的地方，透过外观的装饰及自我吸引力的表现，以达到自我肯定的目的。从古至今，虽然有不穿民族服饰的民族，但极少有不对身体进行装饰的民族。现在有一些部落仍然崇尚用彩泥涂身、文身、疤痕甚至毁体来装饰，以表达自己的年龄和社会地位（图1-15）。

图1-15　埃塞俄比亚人的外部装饰

三、性别需求论

男女两性相互爱慕和吸引，是远古以来就存在的现象。服饰起源与发展的最终原因是两性的存在这一论断，虽然至今还不能令人信服，但是两性之别导致现今人们都需要穿用服饰，这是任何人都不能否认的。

（一）遮羞说

遮羞说认为人们开始穿衣是为了遮蔽身体隐私的部位，这个理论衍生自基督教《圣经》对服饰的解释，在西方通常会用亚当和夏娃的神话故事来解释服饰的起源（图1-16）。依据《旧约全书》的说法，亚当和夏娃起初是不着服饰的，只因为受到蛇的怂恿偷吃了禁果，眼睛明亮了，才用无花果树叶遮住下体，这便是服饰的雏形。对于这种说法，当代有不少人提出疑问，原因是人的羞耻心并不是天生的，羞耻观念只会在文明社会出现，即摆脱了蒙昧社会和野蛮社会之后，并随着时间、地点和习惯的不同而相异。因此，服饰起源于遮羞说显然有些牵强。

图1-16　马萨乔的壁画《逐出乐园》

（二）异性吸引说

异性吸引说认为，为了突出男女性别的差异，以引起对方的好感与注意并相互吸引，就用衣物来装饰强调，由此便有了服饰。人的性冲动是一种本能，服饰是它的延伸，因此服饰的起因也是一种本能。众所周知，熟悉的事物不会引起好奇，隐藏的东西反而更容易激发人们的好奇心。比如，稍微披上一点遮盖的东西，但还隐约可见体形，就比全裸更诱人。人类之所以要用服饰装饰自己，是因为男女两性想要相互吸引，在性器官部位装饰服饰是为了突出性特征，引起对方的注意和好感。

第三节　服饰的实用性

马克思说："人们为了能够'创造历史'必须能够生活。但是为了生活，首先就需要衣、食、住以及其他东西。因此第一个历史活动就是生产满足这些需要的资料，即生产物质生活本身。"在人类作为生物体存在时，为适应自然环境以及应对自身的生理现象，而产生了对服饰的实际需求。服饰的实用性也称适用性，是人着装的主要目的之一。服饰的实用性似乎与美学无关，但却是服饰存在的基础。而任何忽视这点的形而上的美的服饰，都不具备很大的"可穿戴性"。

一、护体性能

服饰是人体的外包装，对于人而言服饰是人的外部环境。这个外部环境主要受到自然环境和社会环境的影响。服饰的实用性对于人类自身而言是服饰的使用价值的问题，这个价值主要是指关于人体生理机能补益的需要和身体保护。在自然气候与人的关系中，温度、湿度、降水量等因素并非各自单独的存在，而是相互关联综合在一起，影响人的生活。对应自然界气候的变化，为了弥补人体生理机能的缺陷，使身体保持舒适的状态，或者说是为了调节体温，人穿用了衣物。在生活中，对应来自外界的危害，为了保护身体，人穿用了衣物。这就是服饰对于人的使用价值或称其为服饰的基本功能，如根据自然环境而产生的羽绒服（图1-17），以及各种防雨、防风、防尘、防弹类服饰。

图1-17　保暖羽绒服

二、社会礼仪性能

人是社会动物，以社会形式存在。在社会生活中，为了使得自己很好地与他人相处，融入集体，人们常使用服饰来保持礼节、展示风度、表达敬意、端正风度仪表，进而与他人顺利交流合作。服饰的社会礼仪功能在20世纪前的生活中被发挥得淋漓尽致，人们的着装不仅受到所处的社会、民族、地域等社会环境和风俗习惯的限制，还受到社会地位的限制。服饰不仅能显示一个人的身份地位，还能显示出一个人的修养水平。穿着得体、贴切、符合活动场合，能彰显一个人的风度和品格；穿着高档、时尚，显示着一个人在经济方面的优越地位；穿着艺术、格调，显示着一个人的品位；穿着别具一格、与众不同，则显示了一个人特立独行的个性。社交场合中合理合情的穿着是日常衣着的一个重要内容（图1-18）。

图 1-18　日常社交穿搭

三、舒适性能

现代人着装不仅要求服饰能够保护人体，维持人体的热平衡，同时要求在穿着中要适合人的身体活动，使人有舒适感。服饰的舒适性主要是指日常穿用的便服、工作服、运动服、礼服等在人体活动时的舒适程度，所有服饰在设计制作时都需考虑是否适合人体结构和身体活动，考虑人在行走、锻炼、运动、劳动等活动时最大的活动量与服饰形态变化的关系。过紧的、缺乏弹性的服饰，会限制人体的活动，甚至影响人的正常呼吸，长时间穿这样的服饰，还会使人体骨骼发生变形，对未发育成熟的少年来说危害更大。同时，现代人也越来越重视服饰与人体皮肤的触觉舒适性。例如，经过起毛绒整理和柔软处理的织物都比较柔软，这样的织物加工成服饰，其舒适性较好，容易得到消费者的青睐，也能够满足提高人的活动效率的要求（图1-19）。

图 1-19　宽松的针织服饰

四、卫生性能

服饰使得人体肌肤避免了与外界的直接接触，因而可以保持身体干净健康。随着科学技术的发展，现代人类对于服饰的卫生性能需求逐渐提高，要求服饰能够保护人体不受外界和内部的污染，使服饰能够防止尘土、煤烟、工业气体及粉尘等外部污染侵入皮肤。同时，服饰还应具有防止外界的致病微生物或非病原微生物侵入，或最好能在其表面杀灭的性能。科学的进步使一些功能性服饰应运而生：防尘服、防晒服、杀菌服、调温服、防磁服、治病服、减肥服、随人而"长"的衣服等（图1-20）。这些功能性服饰的共有特征是使平平常常的服饰在人体处于舒适状态的前提下，达到某种特定的目的。这些体现了当代人对健康的重视和环保的观念。

图1-20　防尘与防晒服饰

第四节　服饰的审美性

　　服饰的装饰功能来自人类追求美的心理——审美性。服饰的审美性是建立在实用性之上的，有意识的生命活动把人和动物区分开，审美活动是人类的一种精神活动，它是人性的需求。没有审美活动，人就不是真正意义上的人。服饰的美观性满足人们精神上美的享受。服饰对于现代人来说，不再仅仅是外表的浮华，更是知性与修养的表现，即个性的代言。服饰通过色彩、面料、造型等元素表现其独特的视觉美感，人们对于服饰美的认识因时间、空间等因素的变化而变化。服饰的审美性主要体现在装饰性、新颖性和象征性三个方面。

一、装饰性

　　爱美之心，人皆有之。在人们的能力范围之内，人们总愿意把自己打扮得更漂亮，或是出于爱美的天性，或是为了向同伴炫耀，或是用来吸引异性。服饰作为最直观、最贴身、最适合表现的物质，被人们赋予各种美。色彩、配饰以及面料的精细都能起到装饰美化的作用。早期人类用兽皮、羽毛、骨头做装饰，后来演变成玉石珠宝、漂亮的纹饰。如今，服饰的装饰美化功能则更加广泛，合适的衣服不仅能够衬托出完美的身体曲线，更能使一个人展现出优雅或雍容华贵的气质。

　　服饰的装饰性表现在服饰的造型、结构、色彩、材质、工艺、配饰等一系列元素中。服饰与人体配合的整体美主要在于服饰与身体的和谐度。服饰本身的形态美通常由点、线、面、体四要素构成，不同的组合使服饰显现出不同的造型结构。服饰的色彩美是服饰本身的色彩，也是整体服饰的色彩搭配，悦目的色彩搭配能使人产生愉悦的快感。色彩对人的生理、心理产生特定的刺激信息，具有情感属性，由视觉通过情感反应形成色彩美。服饰上所使用的各种颜色面积、明暗与位置的变化组成统一美、次序美、比例美、变化美、节奏美、呼应美。服饰材质的质感与表现形式是千变万化的，柔软的、轻盈的、飘逸的、有悬垂感的、有弹性的、有动感花纹的，给人们以不同的视觉享受。服饰的装饰性可以由不同元素表现出来，服饰的设计要考虑到整体的和谐与各元素之间的配合（图1-21）。

图1-21 服饰的装饰性

二、新颖性

人们对那些没有接触过的事物都会产生一种新鲜感，从而引起对这些事物的关注，这是心理上的普遍现象。在服饰审美过程中，无论是样式的新颖、设计构思的新奇、表现技巧的新异、科技进步的新材料、新加工方式为材料带来的新面貌，还是服饰中蕴含的某种新意，都会使人产生新鲜的感觉。有新鲜感的服饰可以调节趋于疲劳的生理感觉，从而引起心理上的愉悦和享受。新鲜感来源于构成服饰的新元素，新元素则是通过服饰的色彩、形态，或者通过材料、工艺等方式呈现出来，有新元素参与的服饰结构形态、构成元素间的组织方式，构成了服饰的新颖性。服饰的新颖性主要表现在形式美、距离美以及另类美三个方面。

（一）形式美

形式美之所以在服饰审美中占有显著的位置，可以归纳为三个原因。首先，形式美自身的美感容易被人们接受。形式美感中的统一与变化、对称与均衡、比例、节奏与韵律等形式因素能使人产生和谐、愉悦的感觉，服饰中的形式美也不例外。其次，形式美内容的不确定性能给人带来较大的想象空间，最能适应服饰审美的需求。最后，人类体型特征的稳定性给美的形式带来局限性，从而将形式美推向显著的位置。无论人的服饰观如何改变，也不管服饰造型、服饰样式、服饰材料、工艺方法以及着装方式等如何改变，以人为载体的服饰的基本形式是难以改变的（图1-22）。因此，服饰要完全找到与美的内容相适应的美的形式是困难的。以此为前提，人们利用形式美和一切可以调动的服饰构成元素去创造服饰美便成为重要的途径。形式美在创造服饰的新颖性的过程中也扮演着不可缺少的角色。

图 1-22　体现新颖形式美的服饰

（二）距离美

人们常说距离产生美感。距离美是指从未接触或者不是经常接触的事物容易让人感到新奇，因而也容易引起美感。利用距离产生美感来丰富服饰的新颖性，可以从两个方面得到印证。一是空间距离，即地域之间产生的距离。东方人与西方人相互将对方习以为常的、视为传统美的事物，或具有年代感的陈旧服饰中的某些常见的、有代表性的构成元素，当作新奇的元素引入本地域的服饰中。这种引入通常不是照搬，而是按照自己的愿望加以改造创新，从而创造出既新奇又能表达自身审美倾向的服饰。二是时间距离引起的新鲜感。在现实生活中如果经常面对某一种服饰，最初的美感可能会逐渐减弱而转变为厌倦。而重新面对原本认为陈旧但已经很久没有接触的服饰时，在感到亲切的同时会唤醒美的回忆。另外如果对陈旧的服饰稍加改造还可能引起新的美感。

人们利用时间与空间产生的"距离"易于激发美的感觉这一特性，常常从历史的、异域的、不同文化以及不同民族的服饰中吸取养料。在创造性地"重复"过去中、在相互按需取舍的吸收中，使服饰总是保持在"新鲜"的氛围中。世界顶级时尚品牌 DVF 在 2024 年中国农历新年到来之际推出了2024 龙年新春特别系列，汲取了中国传统文化中"龙"蕴含的祥瑞之意，其中"DRAGON JADE 龙舞图腾"图案以商周时代的龙形玉器为灵感，将龙纹图腾幻化成为"DVF"字母造型。寓意富贵吉祥的"玉龙图腾"翩然舞动，迎接鸿运，恭贺新禧，彰显出浪漫与灵动的新年新气象，亦为团圆时刻注入浓烈的喜悦色彩［图 1-23（a）］。

2024 年雨果博斯品牌携手著名小说家、艺术家冯唐，推出以中国传统书法为灵感的龙年新春胶囊系列，汲取中国龙所象征的力量与智慧，彰显信念和勇气，开启新春憧憬与梦想。该系列以经典红黑配色为主色调，并从汉字和中国传统图案中汲取灵感，书写出极富现代感的简约书法体"龙"，成为该系列的主要图案。双龙穿璧纹样与品牌标识完美结合带来磅礴气势，冯唐手书《洛神赋》字帖和多幅书法作品亦贯穿于该系列［图 1-23（b）］。

（a）DVF 品牌 2024 龙年新春特别系列　　　　　（b）BOSS 品牌 2024 龙年系列

图 1-23　国外服装设计品牌

（三）另类美

服饰新颖性的审美特点在人们对待前卫服饰、另类服饰的态度上尤为突出。前卫服饰通常表现出一种超前的服饰理念，蕴含着一种新思想、新观念以及新的审美倾向。在服饰的造型、色彩、肌理、工艺手法等方面，也往往以崭新的形态表现出来。另类服饰与前卫服饰有很多相同之处，两者之间并没有严格意义的划分。可以这样看，当前卫服饰"前卫"到让大多数人一时难以接受的时候，它就被视为另类服饰。由此可见，另类服饰是超出常规范围的服饰。另类服饰在观念上受后现代思潮的影响更大，或者说后现代思潮通过另类服饰在服饰舞台上表演得更为充分。另类服饰对传统服饰的否定通常是颠覆性的。另类服饰在处理人与服饰的关系上，有时过分突出了人在精神层面上的追求和愿望，而在服饰的造型上并不完全以满足人体的活动需求为目的（图 1-24）。

图 1-24　体现造型另类美的服饰

另类服饰扩展了服饰材料的范围，凡是能获得的材料，只要符合设计师表达设计思想的需要，都可以在服饰上得到应用，并不以材料的实用性去迎合人们的需要。另类服饰还丰富了材料的表现力，对常见材料的表面进行再加工，使之呈现出一种意想不到的肌理效果，令人惊叹。另类服饰在服饰元素的组织上，常常将不同历史时期、不同地域、不同民族以及不同文化的服饰元素"混搭"在一起，在服饰上"任意"堆砌，使服饰上的形与色显得丰富而诡秘。服饰与人的不可分性使服饰审美侧重于以"用"为目的。服饰审美的不稳定性和相对性，使服饰的"新颖性"和审美方式的"一般性"，成为服饰审美中较为突出的特点（图1-25）。

图1-25　体现材料另类美的服饰

　　在服饰文化的发展中，实用性服饰和审美性服饰是缺一不可的两个方面。例如，各种市场中所出售的服饰绝大部分属于实用性服饰。实用性服饰以满足人们的物质需求为主要目的，是服饰文化发展的基础和根本。而审美性服饰的主要作用是引导市场的消费导向，推动服饰的流行浪潮，弘扬和传播服饰文化。我们经常看到的时装发布会中的作品就属于此类。有的消费者常常抱怨一些时装发布会中的服饰只能看而不能穿，这不免曲解了服装设计师的初衷。已故日本服装设计师君岛一郎先生对上述问题曾这样说："时装发布会上的服饰就如同西方人在用正餐之前喝的葡萄酒，其功能是用于开胃而不是充饥的。"君岛一郎先生形象而生动地阐明了审美性服饰的功能目的。值得注意的是，实用性服饰和审美性服饰在不同的国家和地区、在不同的物质需求和经济基础上，需要有不同程度的总体体现。

三、象征性

　　服饰具有精神象征性，就具有了实用和精神的两重属性。中国古代服饰在精神属性上更为显著和独特，从服饰的材质、款式、装饰、色彩、纹样、着装场合等都赋予了服装的精神性。

　　在服饰材料中，天然纤维中的麻、丝、毛、棉相继出现，为服饰的丰富多彩创造了物质条件，从而也为服饰的象征性和精神性内涵的拓展创造了条件。服饰的属性被赋予了更为广泛的精神内涵。从服饰的材质看，就有很多象征意义。如中国古代"布"指麻、葛之类的织物，"帛"指丝织品。富贵人家穿绫罗绸缎与丝、棉织物，平民穿麻、葛织物。所以"布衣"也成为平民百姓的代名词，使服饰也具有了精神象征性。又如纨绔指细绢裤，"纨绔子弟"指衣着华美的年轻人，旧时指官僚、地主等有钱有势人家成天吃喝玩乐、不务正业的子弟。张俞《蚕妇》："昨日入城市，归来泪满巾。遍身罗绮者，不是养蚕人。"反映了当时"劳者无所食、纺者无好衣"的触目惊心的社会现实，从服饰的材质折射出当时社会不同阶层尖锐的矛盾，使服装赋予了深刻的精神内涵。因而，不同材质的服饰被赋予了更为广泛的社会属性和精神属性。

中国古代服饰所采用的一些吉祥纹样，更是人们祈求幸福、健康、富裕、美好的精神寄托和美好向往与追求。如"五福捧寿"寓意多福多寿；"喜鹊登梅"寓意吉祥、喜庆和好运的到来；"鸳鸯戏水"寓意夫妻恩爱；"二龙戏珠"有庆丰收，祈吉祥之意；"凤凰"寓意和谐美满，吉庆有余；"龙凤呈祥"寓意高贵、华丽、祥瑞、喜庆；"福禄寿"寓意幸福、吉祥、长寿；"双喜"寓意喜庆吉祥等。这些纹样都有丰富的内涵和精神象征性，是对美好生活的追求与向往，是一种思想的寄托，更能成为中国民族服装发展的动力。

其次，服饰色彩也具有鲜明的社会文化象征性。它不仅体现了不同时代的社会审美风尚，亦展现出了不同国家、地区、民族相异的传统和风俗。譬如中国古代夏尚青、商尚白、周尚红、秦尚黑；而当代则曾一度流行"沙滩色""宇宙色""太空色"等自然色彩，体现了人们向往大自然的美好愿望。同时，由于不同国家、地区、民族之间在传统习惯、风土人情、生活条件、经济状况等方面存在着区别，人们在服饰色彩的认识方式、理解方式及行为方式诸方面必然有所不同。汉民族有崇尚红色的传统，其"尚红"心理在社会生活和民俗习惯中是普遍而深刻存在的，它已经成为汉族乃至于整个中华民族的文化象征符号。比如中国传统的婚礼服多用红色，象征着吉祥和喜庆；而与东方传统文化迥异的欧洲人则喜用白色，以此色象征着爱情的纯洁。汉族却常把白色看作是丧服的一部分。因汉族传统习俗中，举丧时孝男孝女必着白色孝衣，以"披麻戴孝"来表达对死者的哀悼。

由此可知，服饰色彩带有鲜明的社会文化象征、时代象征与职业象征等多种特性。若再从心理学的角度进行分析，服饰色彩作为视觉传达中的一个重要因素，定会通过人的视觉器官直接影响人的情感、精神和行为，从而产生一系列的心理反应。比如穿着红色服装会给人以热情、活泼等感觉，而灰色服装则会产生沉闷、呆板等心理感受，这都是由服饰色彩的不同象征性作用于人的心理造成的。在此方面，歌德曾举过一个很有趣的例子：某位俏皮的法国人自称，因其夫人把自己的服装由蓝色换成深红色，这位夫人说话的声调都改变了。可见，服饰色彩的不同象征意义给人的心理影响有多大。

综上所述，服饰在材质、色彩、纹样、着装场合等方面都表现出极其鲜明而复杂的象征性。其实，服饰作为记录人类物质文明和精神文明的文化载体，它的形成、积淀、延续、转换，都与人类文化生活的各种形式——宗教、神话、艺术、科学等的发展密切相关。服饰的精神象征性是劳动人民辛勤劳动和生活的结晶，是劳动人民艺术实践和艺术创作的结晶，同时也是社会生产关系的产物，是人类发展的结果。古代服饰精神象征性的体现，不仅有助于了解古代服饰的发展历程，同时有助于探究服饰的现在和未来的发展。

第二章
服饰设计的美学原则

　　服饰美是美学在服饰领域的表现形式，是服饰所带给人的艺术美。服饰是人类所创造的产物，具有一定的实用功能和审美功能，是人类生活中不可缺少的组成部分。形式美是服饰美学的中心课题，服饰的美是以服饰的色彩、图案、造型以及搭配，通过不同的造型和形状等形式来展示的，因此，形式美也是服饰美学的重要组成部分。

　　形式美基本原理和法则是对自然美加以分析、组织、利用并形态化了的反映。从本质上讲就是变化与统一的协调。它是一切视觉艺术都应遵循的美学法则，贯穿于包括绘画、雕塑、建筑等在内的众多艺术形式之中，也是自始至终贯穿于服装设计中的美学法则。其主要有比例、平衡、韵律、视错、强调等几个方面的内容。

第一节　服饰美的解析

　　如今人们的生活水平提高，对服饰的追求也是与日俱增，世界各地每年的时装周都在体现着美是在情感上具有号召力的形象。古今中外的设计大师都在极力地丰富服饰的款式和造型，同时也给人类制作完美的"嫁衣"，穿衣打扮都离不开对美的研究。服饰通过色彩、面料、造型等元素表现其独特的视觉美感，人们对于服饰美的认识因时间、空间等因素的变化而变化。

一、服饰美的根源

　　在当今时代，比起金钱和物质，人们更重视的是精神层面的充实感，人们对美的热爱与追求已经成为当今社会的潮流和时尚。由人类社会组成的社会美其核心价值是人的美。人的美表现在人的外在美和内在美。

　　外在美又叫作形象美，包括人体美、姿态美、服饰美、语言美以及风度美等，其中服饰美在外在美中起着"纲举目张"的作用。服饰美可以塑造人体美、勾画出姿态美、创造出风度美。而人的内在美即精神美，也往往依靠着服饰美来提升和增添光彩。所以人的美，不管是内在美还是外在美，都离不开服饰美的衬托。俗话说，"人靠衣裳马靠鞍""三分长相，七分打扮"，这些都道出了服饰美的重要性。

　　可以说，人类文明社会的发展历史，与其相随相伴相行的也是人类服饰演变历史，服饰早已在御寒、蔽体的基础上发展成为"物美人美，物我同一"的一门艺术，人们对服饰美的追求已成为日常生活中不可缺少的、极为重要的组成内容，关注的人群越来越多，追求的层次也越来越高。可以说，哪里有生活，哪里就需要服饰美。

二、服饰与美学的关系

从远古时代至今，服饰与美学都是密不可分、相互依存的。没有无美学的服饰，美学是在服饰出现的时候就存在的，服饰是美的载体，美是服饰的体现。服饰与美学的关系主要有四种。

（一）服饰传达人们的外貌、形象、身份、气质的外在美

服饰在起源之初，就与"美"息息相关，原始人类对追求美有着强烈的愿望，服饰美是寻求理想的着装形式。因此，美化与装饰是服饰的主要作用之一。

外在美又称形象美。服饰艺术特有的表现形式、主题、造型及材质、装饰方式等，最能体现人们的审美特征。服饰的外在美可以被人们直接感知，并产生审美愉悦。服饰可以修饰穿着者的相貌、身材、性格等，并表现出穿着者的身份、地位、形象的特征。在观察服饰时，可以分析造型、色彩、材料和工艺给穿着者带来的比较显性的美感内容。

（二）服饰与人的心灵、气质融合产生的内在美

服饰的内在美是指由服饰而表达出来的穿着者的心灵之美。这种服饰美感比较含蓄隽永，是服饰的着装状态与观察者的心灵互相感应之后被感知的，也是通过人的内心活动、气质和个性表现出来的。对服饰内在美的感知，需要观察者有较高的心理素质和审美水平，需要人们在对社会面貌、文化源流、思想观念、物质水平和精神状况正确认识的基础上，挖掘和探索深藏在心灵之内的美。

（三）服饰与穿着者性格、风度、爱好融合而产生的个性美

每个人都有自己的个性，因此每个人对服饰的选择和搭配也会各不相同，根据人们的爱好和穿着习惯，主要有中性风格、嘻哈风格、田园风格、朋克风格、都市风格、街头风格、简约风格、民族风格、欧美风格、学院风格等。

德国哲学家黑格尔对美的本质这样定义："美是理念的感性显现。"即"思想决定行为"，人的穿衣打扮、言行举止无一不昭示着其对美的理解与诠释。树立正确的美的理念，由内至外修塑自己、完善自己，才能成为人群中具有独特审美气质之人。服饰及其审美元素的选择、取舍和组配，完全取决于穿着者的意志，且在一定程度上显示其审美意识。鲜明的个性特征，是服饰的天然要求。穿着者不仅仅是传统意义上的消费者，更是扮演了半个设计师的角色。

（四）服饰与穿着者迎合时代精神和社会风格产生的流行美

人类服饰文化可以追溯到原始社会旧石器时代晚期。大约 2 万年前，原始人类已经学会佩戴饰品，并发明了用针缝制兽皮的技术。周朝的服饰种类已经有了祭礼服、朝会服、吊丧服、婚礼服等的区别。春秋战国时期，服饰风格趋向多元化，上层社会的着装盛行奢侈之风。汉朝服饰有春青、夏赤、秋白、冬皂之分，与四季、节气的特点相呼应，服饰风格古朴庄重。魏晋南北朝时期是民族大融合时期，少数民族与汉族服饰样式相互影响。隋朝重新推行汉族的服饰制度。唐

朝国力强盛，社会开放，服饰华美清新，妇女穿低胸短衫或窄袖、着男装的形象成为其特有的标志。到了 20 世纪，旗袍、长衫、中山装、学生装、西服、迷你裙、职业装、T 恤衫、高跟鞋、丝袜等，种种不同时期不同风格的服饰见证了时代的变迁。而 21 世纪，人们开始注重自身气质的提升以及时尚单品的搭配以达到一种个性的展现。每个时代都有其独特的服饰风貌和样式，流行无处不在。

三、服饰美学的特点

作为依附于人体并表现人体特征的服饰艺术，在美学中，也属于生活美的范畴。这种与人结合最为紧密的服饰美学有别于一般的艺术，在众多美学事件中拥有自己独特的特点。服饰美是一种整体美，服饰与人结合构成人的外观形象，其中也必然表现出穿着者的气质、仪表与风度，这些元素与环境结合起来就展现了人的整体美。这种人与服饰、人与环境的和谐状态就是服饰美学研究的一个重点，只有将三者间的关系处理到一个平衡的状态，才能达到美的最佳效果。

服饰有"人的第二皮肤"之称，因此，它的存在价值以及它所传达的美感都是作为人体美的一种附庸而体现的。服饰的美必须与人以及人的生活相结合才能成为完整意义上的美，如果脱离人体或人的生活，服饰美也就成了无皮之毛、无本之木，毫无意义。

第二节　服饰美的表现形式

世界上没有"没有形式的内容"，也没有"没有内容的形式"。形式与内容是同一事物的两个方面，不可分离。人类在审美创造的过程中，运用并发展了形式美感，并从大量美的事物中归纳概括出相对独立的形式特征。这些具有美的形式的共同特征被称作形式美法则，形式美法则是事物要素组合的原则之一。形式美法则在服饰艺术中是无处不在的。例如，在服饰搭配艺术中，单件的服装、饰品是其组成的基本要素，按照一定的色彩规律、款式细节、风格特征等组合之后，以整体的形象表现出来。可以说形式美法则是服饰搭配艺术的内在规律，没有形式的表现就没有服饰搭配的美感。

服饰设计是一种自由的创造，在自由创造的过程中，设计师赋予服饰以美的生命，并带给人以愉悦的感受。服饰美是一种具有感染力的形象，通过形式美予以表现。

一、服饰的形式美感

服饰的形式美即服饰的外观美。服饰的遮体、御寒等实用功能具有相对的稳定性，对绝大多数人的意义几乎是一致的。而服饰的形式美则具有很大的可变性，不同时代、不同民族、不同着装个体对此都有不同的要求。因此，服饰的形式美是服装设计师必须认真研究的课题。美的事物大多有具体可感的个体形象。形象犹如美的载体，离开了形象，美的生命也就无从寄托。服饰美首先表现为形式上的美感。服饰美的形象离不开服饰的色彩、线条、形体等感性形式，只有通过和谐的感性形式、组合并作用于人的器官才能给人以美的感受。

形式美是指客观事物外观形式的美，是指自然生活与艺术中各种形式要素按照美的规律组合后所具有的美。在美学上有人把形式美分为外形式和内形式。外形式是指客观事物的外形材料的形式因素，如点、线、面、形、体、色、质、光、声等，以及这些因素的物理参数；如线的长短、粗细、曲直、虚实，色彩的明度、纯度与色相，质感的光滑与粗糙、厚重与轻薄；如成衣的长短宽窄、服饰的廓形、面料以及纹饰的色彩肌理、局部结构的形状等。内形式是指运用上述这些因素按照一定的规律组合起来，以表现内容的完美的组织结构，如对称、平衡、对比、衬托、点缀、主次、参差、节奏、和谐、多样统一等。内形式又称为造型艺术的形式美法则。

服饰的形式美与其他艺术设计中的形式美有许多共同之处，都存在对称、均衡、节奏、韵律等美的规则，但又具有一定的特殊性，即不论是服饰上的线条的分割，还是服饰廓形的选择、色彩的布局，都要符合服饰的特性。形式美法则体现在服饰的造型、色彩、肌理以及纹饰等多个方面，并通过具体的细节（如点、线、面）、结构、款型等表现出来（图2-1）。

图2-1 蕴含形式美感的服饰

二、服饰中形式美感的表现

形式美是服饰设计艺术的灵魂，对视觉形象塑造成功与否具有决定性的意义。在服饰形象中，色彩、造型、材质、图案、形体等形式要素按照一定的方法和规律组合后，使服饰美与人体体态美密切统一，才形成了服饰的形式美感。这些形式因素在服饰中的组合情况非常复杂，富于变化，但却映射出不同时代、不同民族的共同审美心理。

（一）比例

比例是相互关系的定则，体现各事物间长度与面积、部分与部分以及部分与整体间的数量比值。服饰设计的比例通常是利用恰当的数理关系来影响人的视觉感官。在一定的审美物体中，整体与局部、局部与局部之间存在的不同"量感"的大小、长短和厚薄、轻重等的比例关系，决定了其外观形态的美感程度。比例是被人认知的一种能产生美感的形式特征，是所有物质形成美感的基础。

服饰设计中的比例分割，往往需要凭借审美的经验，根据实际人体的比例特点来相应把握。一方面遵照惯用的审美比例原则分割，另一方面依据特有的审美倾向营造，以便形成良好的款式效果。不同面积的色彩、不同质地的面料与配饰的比例设置构成了既是主体也是客体的服饰形象，而不同程度的比例变化都将导致穿着式样的推新。对于服饰来讲，比例也就是服饰各部分尺寸之间的对比关系。例如裙长与整体服饰长度的关系；贴袋装饰的面积大小与整件服饰大小的对比关系等。对比的数值关系达到了美的统一和协调，被称为比例美（图2-2）。

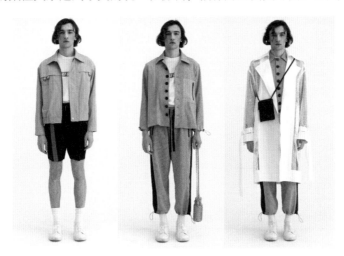

图2-2　体现比例美的服饰

（二）对称与均衡

对称与均衡是服饰形式美最基本的表现形式。所谓对称，是指在视觉艺术中，两边的视觉趣味中心均衡，分量是相当的。对称是一种绝对平衡的形式。在对称形式构成的服饰中，均可以找到一个中心点或一条中轴线，当中心点或是中轴线两边的分量完全相当的时候，也就是视觉上的重量、体量等感觉完全相等时，必然出现两边的形状、色彩等要素完全相同的形态，也就形成了规律性的镜面特征。

因为人体本来就是相对对称的，出于人们对于上下、左右对称的视觉以及心理惯性，在服饰上往往也是以对称作为主要的形式，以求获得一种视觉上的稳定感。在服饰的廓形乃至细节的布局上，无不显示着对称与均衡之美。如服饰上分割线的布局，口袋和纽扣的处理多以对称的形式出现，尤其是男性正装的设计，简洁的对称感可以更好地体现出男性沉稳、干练的性格特征。

1. 对称

对称是服饰造型的基本样式，表现为上下、左右、前后形状的大小、高低、线条、色彩、图案等完全相同的装饰组合。对称形式适用于军服、制服、工作服等严肃的服饰，即使是多变的时装也存在局部形式的对称。服饰上常见的对称形式有单轴对称、多轴对称以及回转对称。

（1）单轴对称。它是以一根轴线为基准，在轴线的两侧进行造型的对称构成。由于人体就属于这种单轴对称，因此，作为人体的附着物，服饰的基本形态也多采用这种对称形式。单轴对称的服饰，左右两边的形式因素相同，这种形式的服饰具有朴实、安定感，但有时也会显得简单、缺乏生气，在视觉上因过于统一而显得呆板，所以在局部做一些小的变化可以弥补这一缺点，如色彩、不同的面料质感、相拼等方面的变化。对称的服饰显得端庄、爽直，最适合应用在正式的西装上衣或上班用的业务型服饰上，为了避免过于拘谨，可以在面料肌理、色彩、装饰上加以改变，使服饰款式在稳定可信的基础上，增添几分生机与创意（图2-3）。

（2）多轴对称。是指在服饰的轮廓平面上，以两根或两根以上的轴为基础，使分布在它们周围的形式因素相等或相近，这种形式不仅左右的形对称，而且上下、对角的形也对称，整体效果显得更为严谨。例如，双排扣西装，纽扣的配置就属于双轴对称。这种横平竖直的对称，更加增添了服装的正规感（图2-4）。

（3）回转对称。是指在服饰轮廓的平面上，对称以一点为基准，相同的形式因素以中心点为轴，旋转后才能重合，其构图呈S形，所以整体有运动感。这种形式设计的服装较前两种对称形式更为活泼，又叫旋转对称、点对称。海星、太极图、梅花、樱花等都是回转对称图形。回转对称的表现形式彻底打破了横向对称的呆板感，大大超越了单纯的横向对称，加之人体的运动，整体的服饰形象动感很强，常传达出活泼、休闲、舒适、生活化等意味（图2-5）。

图2-3　单轴对称服饰

图2-4　多轴对称服饰

图2-5　回转对称服饰

2. 均衡

均衡也称为平衡，是指在造型艺术作品的画面上，不同部分和造型因素之间既对立又统一的空间关系，是在非对称的状态中寻求基本稳定又灵活多变的形式美感。在审美的艺术创作中，人们通过视觉和心理能感受到形体、色彩、材料的分量。如较大的形体、较暗的色彩、较坚实的材料会比较小的形体、较明亮的色彩、较蓬松的材料显得重。通俗地讲，均衡即左右不对称，却能获得视觉上、心理上的平衡感。

服饰造型的均衡指左右不对称却又有平衡感的形式。均衡的造型方式，彻底打破了对称所产生的呆板之感。均衡的造型手法常用于童装设计、运动服设计和休闲服设计等，常常通过门襟位置的变化、纽扣位置和排列的变化、口袋大小和位置的变化、衣料颜色和服饰配件的变化、装饰手段和表现手法的变化等来实现既有变化又有秩序的组合构成关系。它的突出特点是既整齐又有变化，形成不齐之齐、无序之序的艺术效果。不对称的设计不容易创作和掌握，但均衡造型中的线条设计富于变化、流畅柔和，显得活泼、跳跃、运动、华丽，可获得新颖别致的艺术效果（图2-6）。

图2-6 体现造型均衡美的服饰

（三）对比与调和

对比与调和反映了矛盾的两种状态。对比是差异较大的事物之间的并列与比较，在差异中倾向于"异"。在人们的审美欣赏中，常会遇到两种不同的事物并列在一起，由于它们之间的差异与互补，使事物显得更美了。如色彩的明与暗、冷与暖，形体的大与小、曲与直等，都可以使两类事物互相强调、相互辉映，形成鲜明反差，产生对比美。如红与绿、黑与白的搭配，能够给人以鲜艳明快之感，造成视觉冲击力。如服装的色彩选择橙色与蓝色两种对比色彩，为了避免过于强烈的对比关系，在蓝色部位进行了块面分割，露出的橙色与整体服装进行了呼应与对比，给人以整体统一的视觉效果（图 2-7）。

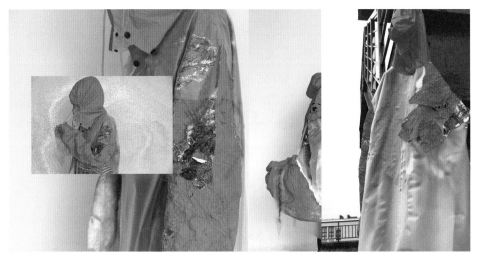

图 2-7 服装上的色彩对比

对比的手法较为多样化，除了色彩的对比外，还包含形态与材质的对比。例如：面积小与大的对比；款式长与短的对比；造型繁与简的对比；光滑的缎纹织物与粗糙质感的麻织物的对比；方形轮廓线条与圆滑曲面的对比；单独纹样与连续纹样的对比。这些对比是有趣的、新奇的、充满装饰性的。如图2-8中的服装在色彩上保持了统一的关系，为了避免单调与重复的感觉，服装在面料的选择上运用了同色系的羽毛点缀来完成服装的视觉效果。小面积的羽毛点缀可以增添服装的丰富性与韵律感。材质的对比与调和应用到服装中可以起到装饰服装的效果。

调和是差异较小的事物之间的配合关系，在差异中趋向于"同"。在不同造型要素中强调其共性，达到协调及调和。形与形、色与色、材料与材料之间的和谐协调，具有安静、含蓄的美感。服饰造型的调和，一般通过类似形态的重复出现和装饰工艺手法的协调一致来实现。如整体服饰的色彩丰富、艳丽，多种色彩融合在一起，各种颜色通过面积对比、色相对比以及通过色彩的明度与纯度的调和，最终使得服饰整体色彩丰富，视觉效果好，整体造型印象活泼、浪漫（图 2-9）。

对比与调和虽然是对立的，但它们却都是服饰美学中常见的形式美表现形式。当需要活泼欢快的效果时，一般运用对比的形式；当需要庄严肃穆的效果时，则运用调和的形式。

（四）节奏和韵律

服饰的节奏和韵律在原理上与音乐以及诗歌有着相通之处。节奏是指通过声音的有规律的变化，用一定的程序组合表现出运动的美感。服饰的节奏主要体现在点、线、面的规则和不规则的疏密、聚散、反复的综合运用。一套服装必须要有虚有实、有紧有松、有疏有密、有细节与整体之论，才能够形成"节奏"。

图 2-8　材质的对比

图 2-9　色彩及面积的对比与调和

　　服饰设计的韵律，是指衣片的大小、宽窄、长短、色彩的运用和搭配，服饰配件的选择、比例及布局等表现出像诗歌一样的抑扬顿挫的优美情调。点、线、面及色彩的变化，也可以体现出轻、重、缓、急等有规律的节奏变化。韵律变化的形态富有动态感。如裙袖口、领巾的叠褶，随着形体的运动表现出微妙的韵律。节奏和韵律在服饰上的表现形式多种多样，具体可分为机械的重复、变化的重复、渐变以及和谐等。

1. 机械的重复

　　机械的重复是指重复出现的形式因素不发生任何变化，引导视线做机械的反复。如百褶裙的褶，一窄一宽或二窄一宽，每次重复出现时均不发生变化。完全相同的图案、完全相同的色彩等其他形式都在服装上机械地重复出现均能产生节奏，这种节奏比较文静、朴实，有时也会因为缺少变化而显得生硬（图 2-10）。

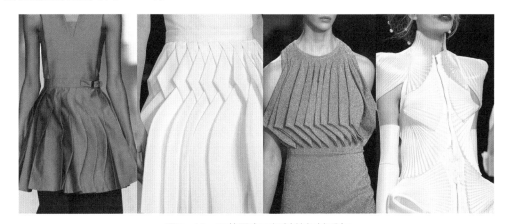
图 2-10　服装图案和褶皱的机械重复

2. 变化的重复

又叫自由重复。由于用长短不齐、大小不同的点、线、面，再加上不同色彩、不定向、不等距的交错排列的重复处理，给人们带来视觉上的不同刺激，增强了动感效果，从而产生了变化重复的韵律。如无规则的褶裥、面料上无规则重复的图案或装饰。在维果罗夫（Viktor & Rolf）2021春夏服装系列中，设计师用破碎的服装结构重新拼凑出层层叠叠的裙装，大大小小组合在一起的纱质褶皱、不同图案的不规则衣片用透明薄纱拼接在一起，为服装增添了神秘感与新颖新奇的视觉感受（图2-11）。

图2-11 维果罗夫2021春夏服装系列

3. 渐变

渐变即同种形态要素按照某一规律阶段性地逐渐变化的重复，是一种递增或递减的变化，也叫渐变重复或渐变韵律。具体的形式可以是形体渐大渐小、色彩渐明渐暗，或者线条渐粗渐细、渐直渐曲。如礼服中通过装饰多层花边，褶的堆积由多至少、由密到疏层层递减，形成了整体形象和谐优美的韵律感，使得服装更具内涵（图2-12）。

4. 和谐

和谐是形式美的最高法则，一切的形式要素无论采取怎样的表现形式，最终都要符合和谐的法则。服饰艺术中从色彩、面料到款式，无处不包含着和谐的因素。

图 2-12　礼服的多层花边渐变

（五）主次与强调

主次是指各种形式要素之间，主体与宾体、整体与局部之间的数量或分量组合关系。一般情况下，如果在一个系统中没有主次关系，各要素都是对等并列的，则整体上会显得杂乱无章，没有明确的主题。在服饰艺术中，主要部分应具有一定的统领性，它决定并制约着次要部分的变化；而次要部分要服从主体的安排，并对主要部分起到映衬的作用。

主与次的分配不能单凭所占面积的大小或数量的多少来评判，它取决于各种形式要素，如色彩、轮廓、纹样、明暗、饰品在整体形象中的作用。例如图 2-13 所示的这款渡边淳弥（Junya Watanabe）2024 春夏服装，服装颜色由单一的黑色设计而成，但是在整体造型上使用夸张的手法，将各个部件放大突出，整体用黑色布条拼接，并进行镂空设计，强调了服装的设计亮点，使整个裙装富有活力与韵味。

强调是指在构成整体的各要素之间，运用与众不同的创作手法突出局部，烘托主题。服饰整体中需要有强调的部分才能够生动而引人注目。所谓强调因素，是整体中最醒目的部分，它虽然面积不大，但却有"特异"效能，具有吸引人视线的强大优势，能使人的视线从一开始就关注在特定的部分，然后才向其他部分逐渐转移，起到画龙点睛的功效。在服饰设计中可加以强调的因素很多，主要有位置方向的强调、材质肌理的强调以及量感的强调等，通过强调能使服饰更具魅力。例如图 2-14 所示的这款华伦天奴 2023 春夏服装，服装整体由单一的色彩设计而成，腰部用蓝色的腰带进行装饰，强调了模特腰部纤细的姿态，强化了人体特征。

服饰搭配时，以形式美的理论来对照设计，可以对掌握服饰搭配的美感具有一定的启示作用。服饰搭配设计是一种创造性的活动，设计师深谙服饰美之道，巧妙运用形式美法则，创造出美的服饰形象，这就是服饰搭配艺术的本质所在。

图 2-13　Junya Watanabe 2024 春夏服装

图 2-14　华伦天奴 2023 春夏服装

第三节　服饰美的审美特性

　　服饰审美是人的一种意识活动。由于人们在服饰审美的过程中往往是按照自己的美学思想、观点和趣味来评判服饰美的，因此，服饰审美实际上综合地体现了每个审美个体的审美感受、审美观念、审美趣味和审美理想。由于人们在一定的历史条件和环境下，其审美观点、趣味等有关服饰美的美学思想往往表现出共同的倾向性，也就反映了这一时期、这一民族以及这一阶层人们对服饰美的共同认识、共同愿望和共同追求，这就形成了服饰审美的共同性。

一、服饰审美的个性

　　服饰审美具有个性化的特点。英国剧作家威廉·莎士比亚曾经说过："有一千个读者，就有一千个哈姆雷特。"审美的个性化特征，即不同对象在面对同一服饰形象时，做出不同的审美判断。这是由于个人有不同的心境，不同的经历、学识和情感个性，因此有不同的审美意味和理解。

（一）个人的审美修养离不开时代背景的约束

　　由于人的社会生活受到特定时代的物质生活条件及社会形态的影响与制约，从而形成各自的审美理想、审美观念、审美趣味以及流行和爱好等，在美感上就表现出不同时代的差异性。个人的审美修养不能够脱离时代背景而独立存在，不同的时代背景，人与人之间的审美标准是不同的。即使是同一个人，在不同的时期，其审美的衡量标准也会存在很大的差异。很多人会有这样的经验，当打开自己过去某一阶段的照片时，会觉得当时自己的服饰很"土"，可见同一个体在不同的阶段对于服饰美的认识是会随着时间的变化而变化的，服饰美和其他所有事物的美一样，是依托时代背景而存在的。

　　不同的时代、社会、国家、民族和社会阶层的历史背景，造就了服饰美的不同形式与内容。审美具有时代背景，不同的社会环境、不同的政治制度，形成了人们不同的审美观。从人类拥有服饰文明开始至今已有上万年的历史，探析服饰沿革的脉络，东西方现今的服饰都与过去产生了巨大的变化，这也是人类服饰审美标准不断变化的有力佐证。例如中国的仕女画反映了不同时代的审美风尚，唐代以丰肥丽质为美（图2-15），明清时期则以纤瘦清秀为美，这形成了两种迥异的风格。西方18世纪时期的洛可可式女装，极尽奢华，装饰繁复，紧身胸衣的使用甚至背离了人们基本的生理舒适的要求，仅仅追求形式上的美观；而20世纪90年代，服饰界掀起了崇尚自然的潮流，宽松、休闲的服饰流行一时。从中西方服饰风尚的演变可以看出，审美观念是有历史阶段性的，它受到时代、审美趣味等因素的影响，因此，审美观念具有时代性和动态变化的特点。服饰审美观念是时代的影子，随着时代的变迁而不断更新，每一个时代都有一个特定的流程。只有认识到审美标准是一个历史范畴，审美差异是一种历史客观存在，才能够跟上时代的潮流，使服饰艺术创作符合时代的实际需要。

图2-15　以胖为美的唐代贵妇

　　时代不同，人们的审美观不同，地域的不同也会造成人们的审美观不同，小到农村和城市、一个国家的南北方，大到不同国家，人们对审美有着不一样的看法。如龙是中国的吉祥物，我们都自称是龙的传人，但在西方国家龙是凶狠的象征；蝙蝠谐音"福"，在中国是吉祥的动物，可在西方蝙蝠却与吸血鬼联系在了一起。如此种种，不胜枚举。可见地域的差异、文化背景的差异，使得人们的审美趣味和审美理念也不尽相同。无论时代如何变化，不同时代、不同地域都会有自己独有的地域风光，独特的民族风情，独存的传统文化。所以，在美的观念上，应该打破传统美学的一些形而上的观点，转而从变化、运动和多层次的结构中对美加以解读。

服饰设计师的社会审美活动决定了其审美观念。社会审美实践使个人审美理念千差万别，但是个人的审美实践又依托于社会的共同实践。对于一个民族来说，他们长期生活在同一地域，作为一个社会群体形成了共同的传统文化和习俗，也形成了民族共同的审美观念，当服饰作为审美客体时，就决定了服饰欣赏和创作的民族特点，即服饰的民族性。而不同的民族，由于生活的地域不同，地理环境、经济状况、生活习惯及民族性格和爱好各不相同，这些因素渗透在审美过程中，表现出不同民族的美感差异性。中国地域辽阔，南北地理条件、气候条件有很大的差异，人们对于服饰的喜好也有很大的偏差。如在西北黄土高原地区，一眼望去是成片的黄土，色调单一，生活在这个地区的人们就偏爱比较鲜艳的服饰色彩；而江南地区山清水秀，这里的人对于服饰的色彩偏好相对来说就淡雅一些。地理的差异造成了民族文化的差异，民族文化的差异使得民族心理结构不同，审美标准就不同，对服饰及人体美的艺术追求当然也不同。

（二）对服饰美认识的多样性

对服饰美的认识因社会阶层、个人生活的环境、经历和文化修养的不同而有所区别。

1. 对于服饰美的认识因社会阶层的不同而相异

不同的社会阶层具有不同的生理和心理需要，它制约着对美的体验。文学家鲁迅先生曾说："贾府的焦大是无论如何也不会喜欢林妹妹的。"这就是社会阶层对美欣赏层次的制约。具体来说，美感大多表现在一个人喜欢什么或不喜欢什么。服饰设计中所说的设计对象的"定位"，有针对消费者年龄层的定位，有针对不同经济收入的定位等，比如说高级定制服饰与成衣服饰（图2-16）。服饰设计作为具有艺术创造特点的实践活动，必须研究各个社会阶层的审美情趣、生活背景及生活方式，才能做到有的放矢。

图2-16　高级定制服饰与成衣服饰对比

2. 个人生活的环境、经历及文化修养等因素对服饰审美的影响

个人衡量服饰美的标准具有相对性。即使在同一个社会阶层，消费能力相当，但每个人的生活环境、生活经历、文化修养和心境各不相同。这些差异决定了个人对服饰美的标准的差异。英国哲学家大卫·休谟第一个建立美学中的相对主义。他否定美的客观标准，认为美不是事物本身的一种绝对性质，而是仅存于观赏者的心理。不同的人能够看到不同的美，某人认为是美的，另一个人可能认为是丑的。美是相对人的特殊心理结构而言的，是从事物内部各部分之间和不同事物之间的比较关系中看出的，任何一种事物都可以在与其他事物的比较中或显得美或显得丑。

个人的审美标准具有主观性。时代背景对于个人审美观念的束缚，个人喜好、年龄、性别、职业、文化修养和经济地位对个人审美标准的影响，从一个方面也说明了服饰美具有主观性的特点。

主观性是指在人通过生产劳动创造的美的产品中，熔铸进去的创造者的主观意识，包括人的审美感知、情感、认知水平、审美趣味和审美理想等。服饰艺术中，服饰的设计熔铸了设计师个人对于美的理想。服饰的欣赏者在对美进行鉴赏时，也以自己对美的标准来衡量服饰。个人的主观意念在服饰美的判断过程中起到了极为重要的作用。就服饰搭配艺术而言，如何进行服饰的组合搭配，整体的服饰形式组合是否美观，是与服饰搭配者个人的审美思想相符合的，100 个人为同一个模特进行服饰的配套设计，就会有 100 种不同的服饰配套组合方案，每个设计者都会按照自己心目中对于美的理解来进行设计和规划（图 2-17）。

图 2-17　同件服装的不同搭配举例

另外，对于服饰美的认识还会因个体当时的心理状态即情绪因素而不同。所以，要培养良好

的审美感觉，就要不断提高自己的文化知识和修养，也要注意美化自己的生活环境，不断培养良好的审美心态。

3. 个体与群体之间的审美标准具有差异性

个体与群体之间审美标准的差异存在于方方面面。调查显示，多数服装专业的毕业生在刚刚投入设计工作时都曾经有过这样的困惑，设计的自己喜欢的款式销售业绩不佳，销售业绩佳的款式自己不喜欢，这就是对服饰美的认识在个体与群体之间的差异。就服装设计师而言，设计的作品能否受到消费者的喜爱是其成败的重要衡量因素，单纯以自我审美意识为借鉴的设计师是难以得到市场认同的。成功的服装设计师能够准确地把握消费者的心态，规划款式、定位风格。

现代发达的通信增加了人们之间交流美的感受的机会，建立了更多沟通的平台，如在网络上常常可以看到一些网友对影视、戏剧的服饰予以评价，甚至还评出了诸如"十大最可笑的戏剧服装""最不会穿衣的十大女明星"等排名，这就是个人审美与社会群体之间的差异所引发的讨论。在这里，影视、戏剧的服饰设计不仅是个人审美观点的问题，而且是服饰的外观是否能够符合广大观众审美标准的问题；明星的着装也已经不再是仅仅依靠个人的喜好所左右，而要更多地关注与他人的审美标准能否产生共鸣。同时，在服饰设计过程中，还要综合考虑服饰审美的主观性与穿着者着装客观环境之间的关系。设计师在设计时除了充分发挥自己的主观能动性，开发灵感、创造风格、形成独树一帜的艺术品位外，在整个设计过程中，还必须设身处地地替消费者考虑穿着时的人文环境。

个体的着装不可忽视群体的审美标准。虽说"穿衣戴帽，各有所好"，但是人类的穿衣行为从来不可以无视他人的存在，甚至有时是为了博得他人的认可而穿衣打扮。衣着得体并根据场合选择服饰种类，是服饰搭配的基本礼仪。忽视了这一点，在某些特定场合有可能会造成"失礼"。

二、服饰审美的共性

（一）人们对于美的事物的认同具有共性

人生活在社会之中，并结为不同紧密程度的群体。这些群体由于具有某种相近或相同的审美观点、审美标准和审美能力，而对同一审美对象产生某些相通或相同的审美感受，以及由此得出的某些相通或相同的审美判断和审美评价的现象，就称为美感的共同性。美感的共同性也叫美感的普遍性，它表现在同一时代的民族、阶级、阶层之中，也表现在不同时代的民族、阶级、阶层之中。审美的共同性对于自然美、产品外观造型美以及艺术形式美等不具有鲜明社会内容的审美对象的审美评价，表现得尤为普遍和显著。

"艺术无国界"，个人对于美的感受虽然具有个性差异，但是人们对于美的事物的认同是具有共性的。审美是人的共同特点，在漫长的历史文化长河中，人们创造了很多跨越时空的美。原始人在岩壁上画的壁画以及后来的彩陶纹样，至今仍散发出美的光芒；美丽的大自然中雄伟的高山、汹涌的大海、浩如烟海的苍穹、辽阔的大草原、奔腾的江河、幽静的湖泊、茂密的森林、美丽的鲜花，都能引起人类的美感。作为人类生存不可或缺的部分，服饰有基于人类整体文化的特点，因此不同的民族、地域、国家，服饰上也有着某些惊人的类似。如男士服饰推崇阳刚、庄重，而女性服饰则倾向于温柔、优美；职场服饰要求严肃性，休闲服饰就很随意，宴会礼服则需要高贵优雅。不论哪一个国度，在工作、休闲、宴会等环境都有相似的服饰规则（图2-18）。不论何种服饰艺术，和谐、对称、统一、对比、均衡、曲直、刚柔、主次、点缀等形式美法则以及光、色、声音、气味等诸多因素，都是服饰使人产生美感的可能性要素。服饰审美的共性穿越了时间、地点等客观条件的制约，在服饰的舞台上，一些著名的服装设计师，如加布里埃·可可·香奈儿、克里斯汀·迪奥、伊夫·圣·洛朗等设计的作品，得到了人们的一致认可，虽经过时光的流逝但仍不减其魅力。

图2-18　职场服饰（左）、休闲服饰（中）与晚礼服（右）

（二）人们审美认识的个性具有向共性转化的可能

以先锋艺术在服饰中的体现为例：先锋艺术的先锋性就在于它违背了人原本的知觉模式，因此，一开始是不被人理解和接受的，但在长期不断地刺激下，人的知觉模式逐渐适应了它，先锋艺术也就失去了其先锋性。如19世纪中期，美国一位女记者率先摆脱掉繁复的裙子，穿起马裤，在当时被视为反叛，这一装扮一度被视作"女同性恋者"形象，面对现代艺术涌现出的形形色色新的艺术流派，甚至引起了对于何谓"美"的定义的重新探讨，如何加以判断与分析，仍需以时间为检验的标准。

三、服饰审美的交融性

服饰是文化的一种表现形式，具有某种文化特征，文化的交融必然带来服饰的交融，服饰美具有交融性的特点。服饰美的交融性体现在时间上的交融性和空间上的交融性。

（一）服饰美在时间上的交融性

服饰美在时间上的交融性主要体现在对传统文化的传承上。服饰美具有时代性，服饰艺术的创作离不开传统艺术的影响。中国具有悠久的历史，历史给予我们的文化积淀是浑厚而深远的，虽然随着时间的流逝，传统文化不可能被复制在历史的舞台上，但是它们往往为现代设计师提供了灵感的源泉。如著名设计师皮尔·卡丹曾多次从古老的东方艺术中汲取灵感，创作了大量具有东方神秘气息的作品（图 2-19）。服饰美的历史交融是一个复杂的网络，在它发展的前后存在着古今中外交叉易位的承继，这种承继往往能够给人以耳目一新之感。这种时间上交融的例子很多，如现代日本女性穿着的和服，就是对中国唐代妇女服饰的继承与发展。

图 2-19　皮尔·卡丹 2024 春夏系列服装

（二）服饰美在空间上的交融性

服饰美在空间上的交融性往往表现在不同地域、不同民族、不同国家之间服饰信息的传递，相互汲取灵感，相互模仿；也表现在东西方的艺术交互的影响与交融上。

服饰的交融在古已有之。中国古代的服饰曾经影响过欧洲，公元前 5 ~ 6 世纪，中国的丝绸传入西方，穿着丝绸服饰曾是古罗马贵族们引以为豪的时尚。中国也吸取了大量来自外来服饰的文化因素，如自汉唐以来，中国服饰受到波斯以及西域文化的影响，出现了中亚、西亚流行的纹样和纺织工艺。如唐代联珠狩猎纹具有西亚风格，是服饰文化因素交融的成果。又如战国时期赵武灵王（公元前 325 年 ~ 公元前 298 年在位）的服饰改革，命令军队改着胡服以便于作战，这是一次典型的服饰文化交流的例子。再如明朝向清朝的过渡，虽然清朝的统治者为满族，满族视"服制者，立国之经"，在建国之初就大力推行满族服饰，甚至采取了"留发不留头"的残酷政策，清代以服饰之罪处死的人数恐怕是历朝之最，但是清朝统治者还是在服饰制度上保留了很多明代服饰的元素，如十二章纹的使用、官服上补子纹样的继承等。

（三）当代的服饰具有时间与空间交融的双重性

当代社会，世界各国经济文化交流广泛，服饰艺术的相互交融日益加剧，东西方服饰审美观念也相互影响。中国旗袍等传统服饰由于能够很好地体现女性优美的身体曲线，为不少西方女性所喜爱。一些绣、绘有中国传统纹饰的服饰往往是西方女性来中国旅游时首选的购买物件。西方的服饰元素也为我国服装设计师们大量采用，如2005年"波西米亚风"在我国时尚界的流行就是一个典型的范例。现代社会通信的发展，为服饰文化的交流提供了平台，最新的流行动态、流行色动向、新的款式，在短短数个小时之内就可以传向世界各地。时装的流行大致是从巴黎出发，先推广到西欧、北欧，而后流行到东欧以及中国香港市场，再传入中国大陆，因此现代服饰的款式很相似，流行服饰普遍地吸取各国的服饰特点，装饰人体的服饰审美趣味已经体现出合流的趋势。可以这样说，当代的服饰款式是东西方文化交流的成果，这种融合不仅仅是形式上的兼并，还是文化上的融会贯通，是更加自觉地把突出人体美与追求美的精神意蕴相结合，在这个基础上进行创新，力求把人体的魅力与装饰风格更好地结合。

第四节　影响服饰审美的主要因素

服饰作为深深根植于特定文化模式中的社会活动的一种表现形式，其审美与人们对于生活的认知、时代的表达密切相关，并随着社会、文化、经济等的变迁而发展。服饰的审美主要受到社会与艺术两方面因素的影响。

一、社会因素对服饰审美的影响

服饰是社会的镜子，社会因素包括政治、经济、科技、文化等方面。服饰受传统文化以及时代特点的制约，随着经济、政治、科学技术的发展而变化。文化间的传承与交流在前面已经进行了一定的叙述，这里要提及的是，政治、经济、科技等因素在激发服饰设计灵感的过程中起到的作用也是至关重要的。在政治、经济、科技因素的影响下，人们关于服饰的审美观念也会产生相应的变化。

（一）政治

政治对于服饰的影响由来已久。人类服饰文明，自走出了以实用为唯一目的的时代以后，它的功能就复杂了。尤其在中国，自古服饰制度就是君王施政的重要制度之一。在中国古代，服饰是身份地位的象征，是个人政治地位和社会地位的标志，要按照个人的身份来穿着，否则是要受到严厉处罚的。中国早在周代就产生了比较完整的衣冠制度，自天子至大夫到士卿，服饰各有区别。至魏晋时期，王公贵族虽然"服无定色"，但是仍有八品以下不得着罗、纨、绮等高级丝绸织物的规定。唐代是最开放的年代，但从唐高祖李渊起就正式颁布衣服之令，对皇帝、皇后、群臣百官、命妇、士庶等各级各等人士的衣着、色彩、服饰诸方面都做了详细的规定。总之，中国古代服饰的核心是等级制度，衣冠服饰是尊卑贵贱、等级秩序的标志，任何人都不得僭越。

社会政治形势和重大事件在服饰上最突出的体现是在服饰色彩上。服饰色彩有两大功能：一是区别身份地位；二是表示所处的场合。古代上至天子，下至诸侯、百官，对其服饰的色彩都有着详细的规定。众所周知，明黄色在古代是天子的专用服色，其他人是不得穿着的（图2-20）。在现代社会，服饰色彩又往往是服饰审美的一个明显的表征。在现代很多中老年人的脑海中，必定还对20世纪70年代流行的"蓝海"现象记忆犹新，那时全国上下流行蓝色，蓝工作服、蓝中山装都成为当时的一种时尚。90年代，中国香港以及澳门的回归在国际上引起了极大的反响，人们的爱国激情被激发，全国乃至国际上都掀起了一股"中国热"。中式服装盛行，热烈的中国红大行其道，甚至一些内衣品牌还推出了中国红系列内衣。2001年10月21日，当出席亚太经济合作组织（APEC）领导人非正式会议20位亚太地区各国领导人身着五颜六色的中式对襟唐装在上海市科技馆出现时，也将中国的传统服装成功地展现在了世人面前。这是政治元素的影响推进时尚的典型事例。服饰色彩、形态从独特的角度折射了社会政治形态，不同时代的社会环境就会造就不同时代的服饰特征，从中展现出不同时代人们的精神向往和审美需求。

图2-20 中国古代皇帝的龙袍

（二）科技

随着科技的发展，未来的服饰除了能保暖、能给人以美的享受外，还能不断改变人们的生活。当科技参与到服饰设计中后，人们对科技能让服饰产生什么样的改变更是充满了好奇与期待。面料是所有服饰影响因素中影响最大的因素。由于科技的参与，服饰面料除了具备遮体保暖的基本功能外，其穿着的舒适性、美观性都得到了极大的提升。

现代科技对于服饰的影响还体现在对服饰设计创作思维的启迪上。科技赋予了人的视觉以超常的特异功能，让我们看到了以往肉眼无法企及的视野，所提供的崭新的视觉空间强有力地为服饰设计创作注入了新的活力。例如以色列设计师诺亚·雷维吾（Noa Raviv）借助于3D打印技术来实现自己天马行空的设计想法，在他的毕业设计"Hard Copy"系列中，他利用一些故意破坏的数字图像通过复杂的参数设计，用网格线表现出扭变的虚拟形态。而想要以传统的方式、传统的材料来实现这种虚拟形态几乎是不可能的，雷维吾创意地运用 3D 打印技术模拟现代电脑模式中的网格和线条美塑造出一种未来感（图 2-21）。

图 2-21　设计师诺亚·雷维吾的"Hard　Copy"系列服装

（三）经济

经济的发展和人类的生活水平是正比例同步发展的。经济发展到一定阶段，人们的生活水平得以提高，人们必然会对生活质量提出更高的要求，人性中对美的追求开始提升。1926 年，美国经济学者乔治·泰勒（George Taylor）提出"裙长理论"，主要内容是："女人的裙长可以反映当下经济的兴衰荣枯，裙子愈短，经济愈好，裙长愈长，经济愈是艰难。"2012 年夏天的英国街头，女士多长裙飘飘，有评论说根据"裙长指数"，英国经济或已触底。国外的经济学家调查发现，人们的服饰色彩和经济的发展是具有统一性的：当经济开始衰退，进入大萧条时期后，人们的服饰也变得偏于灰暗，而一旦经济开始走出低谷，人们的服饰色彩也呈现出鲜亮的趋势。

事实上，政治的举措牵连着经济的发展，经济的发展又自然带动科技的发展，政治、经济、科技是三位一体、不可分割的一个整体，服饰的流行趋势与审美标准必然会受到这个整体的影响，这是由服饰的社会性决定的。

二、艺术因素对服饰审美的影响

在艺术的创造过程中，虽然各种艺术都有自己的独特之处，但是艺术之间又是相通的。它们相互影响，彼此得到发展。其他艺术对于服饰及其审美观念的影响是多方面的，并不受艺术种类的限制。服饰艺术渗透到人们日常生活的方方面面，对于每个人形象的自我设计与完善具有广泛的社会意义，是其他的任何艺术手段所不能比拟的。服饰艺术潜移默化地陶冶着人们的情操，着装形象的直观美直接美化了社会生活，它们相互交融。当代人们日益追求服饰的多样性的艺术情趣，也正日益深刻地改变着人和世界的面貌。

（一）戏剧和影视的影响

戏剧是演员扮演角色，在舞台上当众表演故事情节，塑造人物形象，反映生活方式的一种艺术。影视是电影艺术和电视艺术的统称，是一种综合性的艺术形式，它逼真地还原客观事物，力求准确鲜明地再现社会现实。戏剧和影视都是来源于生活的艺术形式。戏剧和影视艺术可以说都归属于视觉艺术的范畴。20世纪80年代，电影《街上流行红裙子》放映后，精明的设计师们以此为灵感来源，设计了大量的红裙子推向市场，穿着红裙子成为80年代最为时尚的装扮。几乎是在同一时期放映的日本电影《追捕》中，高仓健饰演的检察官杜丘的形象深入人心，高仓健也由此成为亿万中国观众心目中的首席日本偶像，他在电影中所穿的一款风衣也风靡了整个中国，一袭风衣、一副墨镜在当时是极为时尚的装扮。近年来，韩国影视剧大受欢迎。喜欢韩剧的人大多会被片中浪漫唯美的画面所吸引，此外还有剧中男女主角或活泼清新可爱、或高贵温润典雅的服饰打扮，几乎每部韩剧都能带来一些服饰、首饰的潮流。人们不仅从韩剧中得到了精神满足，更在生活中接触到了"韩流"文化。2020年韩国电视剧《梨泰院Class》以其独特的剧情和时尚元素赢得了观众的喜爱。剧中角色的穿搭风格各异，尤其是女主角的穿搭，不仅展现了她的个性，还引领了一股新的潮流。她所穿的各种外套、内搭以及配饰都成为年轻人追捧的对象（图2-22）。2022年韩国电视剧《黑暗荣耀》中宋慧乔饰演的女主角常以黑白灰色系的大衣、风衣和西装示人，以冷色调为主，没有多余的装饰，沉稳坚韧。这种穿搭风格不仅符合她在剧中教师的职业身份，也展现了她内心的坚韧和力量。为了打破沉闷感，剧中也会通过不同材质的混搭、浅发色、适当露肤以及增加配饰等方式，让黑色穿搭更加有层次感和亮点。同时，一些韩剧也通过与时尚品牌的合作、推广时尚单品等方式，推动了时尚产业的发展。韩剧中人物的穿搭风格不仅引领了潮流，还激发了观众对时尚的热情，促进了时尚消费的增长。

图 2-22　韩剧《梨泰院 Class》女主角服饰搭配

（二）美术潮流的影响

绘画艺术的语言是线条、色彩和形体块面。绘画是"以色彩挂万象"的静止可观的平面形象。绘画的艺术形象在观众面前呈现了丰富生动的直接世界，它具有具体性、确定性的特征。

服饰及其审美潮流和美术作品的关联主要表现在两个方面。一是美术作品可以反映一定时期的服饰及其色彩，美术作品中最为典型的人物画，常常成为研究当时服饰款式、色彩及其造型的重要资料。二是美术作品的潮流可以对服饰及其色彩图案产生影响。产生这种影响的最为原始和直接的方法便是将美术作品直接绘制或织绣在服装上。图 2-23 是国内艺术家、时装插画师 Yvan Deng（邓清之）为品牌 DAMOWANG（大魔王）设计的压轴印花服装。可以看到印花是 Yvan Deng 画作中的一些元素，如女士穿着高跟鞋的脚等。在表达了极致的复古时髦感的同时，真正诠释了 DAMOWANG 新潮复古、文艺摩登的设计理念。整体的风格蕴含着丰富的创意，而又是非常的实用款式，穿上它走进日常生活，也是吸睛抢眼的存在。

图 2-23　DAMOWANG（大魔王）2021 春夏系列压轴印花服装

抽象绘画一度是现代绘画的潮流，它的色彩、构图及造型都给服饰以巨大的影响。毕加索、马蒂斯、布拉克、蒙德里安等现代绘画大师曾亲自参与过戏剧服饰设计。他们的绘画作品也给服装设计师们以启迪，是他们设计时装的灵感源泉。如 1965 年，法国著名服装设计师伊夫·圣·罗兰推出的蒙德里安风格的服装（图 2-24），针织的短连衣裙上黑色线和原色块的组合，效果单纯而强烈，赢得了消费者的一致好评，这是把时装和现代艺术直接巧妙融为一体的典范。到了 1966 年，伊夫·圣·罗兰又推出了波普艺术风格的服装，在黑色衣裙上装饰的极富肉欲色彩的粉红色女裸体及大红嘴唇，给人以强烈的视觉冲击，这是他又一次将现代艺术和服装完美结合。

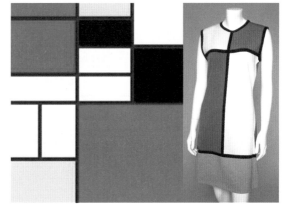

图 2-24　伊夫·圣·罗兰的蒙德里安风格服装作品

服饰设计的创作灵感可以来自美术的方方面面。雕塑、剪纸、戏剧脸谱、瓷器纹样，林林总总都可以为设计提供思维的源泉。在著名服装盛事第二届"兄弟杯"服装设计大赛中，设计师马可的系列作品"秦俑"，将几千年前的服饰风貌以现代的手法进行演绎，折服了现场所有的观众；法国设计师保罗·波烈（Paul Poiret）在其时装发布会上，曾发布过一款以中国青花瓷器图案为灵感的服装，性感的束胸设计，加上紧身鱼尾裙的式样，犹如一只大青花花瓶在天桥尽头款款出现，将会场气氛推向了高潮；京剧是中国的国粹，京剧脸谱也常让外国人目眩神迷，华伦天奴（Valentino）的2007年秋冬服装系列中，直接将京剧脸谱变成了随身配饰，典型的京剧脸谱摇身一变成了胸前的扣饰，这种扣饰可以别在服装上，挂在包上，或者插在盘起的头发上，很有特色。

（三）其他艺术的影响

服饰的创作源泉来自多个方面。音乐的抑扬顿挫、轻重缓急有如色彩色阶的律动流变，缓缓的低音仿佛清淡而优雅的粉色，沁人心脾，洪亮的高音恰如热烈而奔放的原色，荡气回肠；书法字里行间的行云流水，如画般演绎着美的韵律；文学的诗词歌赋虽然不具备直观的可视性，但却以生动的语言形式唤起人们的联想和想象，从而激发人们对于美的共鸣。例如XUNRUO（熏若）2022春夏系列以古典名著《红楼梦》为灵感，打破时间空间限制，跨界联名三丽鸥股份有限公司旗下凯蒂猫等明星形象，用水墨勾勒出太虚幻境（图2-25）。色彩提取自玉石的脂白、青灰、咸池描绘宝钗扑蝶、黛玉葬花、共读西厢等画面。XUNRUO擅长将动物刺绣、手工珠绣配饰、中式盘扣、西方古典装饰应用到设计中，同时搭配灯笼袖、荷叶边等复古设计元素，配以现代简约剪裁，东西方文明以一种轻松的方式，体现另一种形式的美。

图 2-25　XUNRUO（熏若）品牌 2022 春夏系列

总之，虽然在艺术的形式上，各类艺术都有着自身的表现手法，它们之间的相通性却是实实在在存在着的，服饰便以此为契机，不断引进和吸收，从而使自身得到发展。

第三章
服饰搭配基础知识

服装搭配是时尚的基础，它不仅能够展现一个人的个性和美感，还能够让人们更加自信和舒适地穿着。在选择服装时，应以个人身材作为重要的参考。不同的身材类型适合不同的款式和尺码，选择合适的服装不仅能让人看起来更加舒适，也能更好地展现身材优势。配饰在提升个人造型方面起着至关重要的作用，它们如同画龙点睛一般，可以帮助我们营造出各种不同的氛围。例如，一顶时尚的帽子或一条亮眼的围巾，就能让简单的服装瞬间变得时尚并充满个性。同时，一个精致的手包或一双独特的鞋子，也能为任何基础的服装搭配增添趣味性和层次感。因此我们在选择配饰时，需要注意其与服装的和谐统一。

人们的服饰形象不是由一件上衣或一对耳环单独构成的，而是由整体构成的。对于穿着者来说，即使不涉及里外服装的关系，也必须考虑到上下、前后、左右等服饰的搭配组合关系。这些服装、配饰与穿着者共同构成一个服饰形象。一旦脱离了组合的艺术，就意味着失去了整体与秩序，那时也就谈不到美了。

第一节　服饰的色彩搭配

中国民间中有"远看颜色近看花"之说，造型艺术素有"形与色的艺术"之誉。瑞士著名色彩学家依顿曾经这样说过："无论造型艺术如何发展，色彩永远是首当其冲的重要造型要素。"由此可见，色彩在人类生活与艺术创作中的重要意义。色彩是服饰构成的要素，具有极强的表现力和吸引力。色彩与配色是服饰设计的一个重要方面，色彩在服饰美感因素中占有很大的比重。此外，国际流行趋势预测机构对流行色趋势的定期发布和流行色世界性的广泛传播，无不验证了色彩在整个服饰领域乃至整个时尚领域中都在演绎着重要的角色。

一、服饰色彩的基础理论

色彩学是一门横跨自然科学和社会人文科学的综合性学科，是艺术与科学结合的产物。色彩现象本身是一种物理光学现象，通过人们生理和心理的感知来完成认知色彩的过程，再通过社会环境的影响以及人们实际生活的各种需求表现于生活之中。目前，按国际通用的色彩分类方法，色彩主要分为有彩色系与无彩色系两大类。

有彩色系是指光源色、反射光或透射光能够在视觉中显示出某一单色光特征的色彩序列。可见光谱中的红、橙、黄、绿、蓝、靛、紫七种基本色及它们之间不同分量的混合色都属于有彩色系。这些色彩往往给人以相对的、易变的、具象的感受，同时也是造型设计中的主体色彩。无彩色系是指光源色、反射光或透射光未能在视觉中显示出某一种单色光特征的色彩序列。如黑色、白色及两者按照不同比例混合所得到的深浅各异的灰色系列等，它们呈现出的是一种绝对的、坚固的、抽象的色彩效果。

有彩色系中的每种颜色都具有色相、纯度和明度三个基本要素，而无彩色系只有明度这个属性。色彩三要素是一种互为依存的关系，任何一种要素的改变，都将影响原色彩的其他要素（图3-1）。

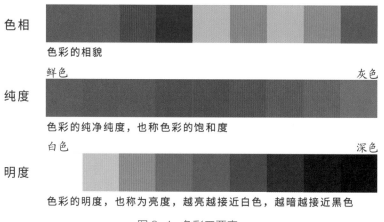

图3-1　色彩三要素

色相也称色调，是色彩的首要特征，指色彩的相貌和特征，如赤、橙、黄、绿、青、蓝、紫等。每种色彩都有相对应的名字。色相是区别各种不同色彩的最准确的标准。色彩的成分越多，色彩的色相越不鲜明。

色彩的纯度是指色彩的纯净程度，即色彩含有某种单色光的纯净程度。它表示颜色中所含的有色成分的比例。比例愈大，色彩愈纯；比例愈小，则色彩的纯度也愈低。如将灰色至纯鲜色分成10个等级，通常1～3级为低纯度区，4～7级为中纯度区，8～10级为高纯度区。在同一色名中，纯色比例高为纯度高，而纯色比例低则纯度低。

明度也称亮度、光度、深浅度，指色彩的明亮程度。明度高是指色彩明亮，而明度低则是指色彩晦暗。在6种基本色相中，明度由大到小排列为黄、橙、绿、红、蓝、紫，即黄橙色、黄色、黄绿色为高明度色；红色、绿色、蓝绿色为中明度色；蓝色、紫色为低明度色。明度最高的是白色，最低的是黑色。色彩的明度变化会影响纯度的高低，色彩的三属性在具体应用中是同时存在、不可分割的一体，必须同时加以考虑。

二、服饰配色的基本方法

世界上没有丑的颜色，只有搭配不好的色彩。服饰配色实际上是服饰色彩的组合。服饰色彩的搭配与调和的行为主体是人，主体人在特定生理、心理、环境条件下，以具体的社会文化、时代特性为行为执行的背景，在掌握色彩的属性等相关知识后，根据美学原理，可搭配出五彩缤纷、各有特色的方案。有时，单看某件服饰的色彩是很难判断它的设计成败的，一些简单的色彩会因与其他着装色彩因素搭配而达到意想不到的效果。因此，服饰色彩必须经搭配组合后构成一个有机的整体美，才是着装色彩形象最后取胜的关键。服饰色彩的配套组合有如下几种具体方法。

（一）统一法

统一在一种色调中的着装色彩，有时会出现意想不到的效果。具体操作有两种方法。其一，可以由色量大的色着手，然后以此为基调色，依照顺序，由大至小，一一配色。例如先决定套装色的基调，再决定采用帽色、鞋色、袜色、提包色等，例如穿着米色的衣裙可以搭配米色的拎包、鞋子和首饰，取得服饰色彩的统一。其二，可以从局部色、色量小的色着手（如皮包），然后以其为基础色，再研究整体色、多彩色的色彩搭配。这种从局部入手的搭配，一定要有整体统一的观念。着装色彩设计中的统一法，对小面积的饰物色彩也极为重视。表面上看饰物色彩本是"身外之物"，与着装无直接关系，但是由于是日常"随身之物"，因此可以与着装形象构成统一的服饰整体形象。像雨伞、背包、手杖、手帕等饰物，当单独摆放在那里，也有其独立的形象价值，如果是较高水平的穿着创作，整体考虑服装与饰物组合后的色彩统一性，一定会出现意想不到的整体美（图3-2）。

图 3-2 统一色彩的服饰搭配

（二）衬托法

衬托法在色彩搭配中，主要是要达到主题突出、宾主分明、层次丰富的艺术效果。具体而言，它有点、线、面的衬托，长短、大小的衬托，结构分割的衬托，冷暖、明暗的衬托，边缘主次的衬托，动与静的衬托，简与繁的衬托，内衣浅、外衣深的衬托以及上身浅、下身深的衬托，等等。例如，以上衣为有色纹饰、下装为单色，或下装为有色纹饰、上装为单色的衬托运用，会在艳丽、繁复与素雅、单纯的对比组合之中显示出秩序与节奏，从而起到以色彩的衬托来美化着装形象的作用（图3-3）。

图 3-3　衬托法色彩搭配

（三）呼应法

呼应法也是服饰色彩搭配中能起到较好艺术效果的一种方法。着装色彩中有上下呼应，也有内外呼应。任何色彩在整体着装设计上尽量不要孤立出现，需要有同种色或同类色块与其呼应。在色彩搭配上，服装与配饰之间可以形成呼应；配饰与配饰之间也可以形成呼应。例如：裤子为淡黄色，帽子可以用淡黄色搭配，以数点与一片呼应；裤子与斜挎的包都是粉色的，以小面积与大面积形成呼应（图3-4）。总之，运用该法使各方面在呼应后，得以紧密结合成统一的整体。

图3-4　呼应法色彩搭配

（四）点缀法

着装色彩搭配中的色彩点缀至关重要，往往起着画龙点睛的作用。点缀法是运用小面积强烈色彩对大面积主体色调起到装饰强调作用的手法。如在服饰搭配中，利用黄色的帽子、白色的胸前小包等服饰配件来点缀整体的造型，使服饰整体风格凸显出时尚的现代气息（图3-5）。

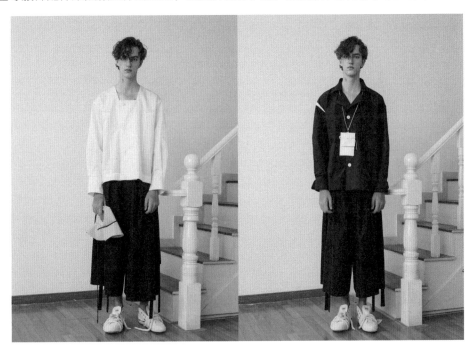

图3-5 点缀法色彩搭配

（五）色系配色法

服饰色彩搭配中较常用的色系配色法有同类色搭配、类似色搭配、对比色搭配、互补色搭配等。

1. 同类色搭配

同类色是由同一种色调变化出来的，只是明暗、深浅有所不同。它是某种颜色通过渐次加进白色配成明调，或渐次加进黑色配成暗调，或渐次加进不同深浅的灰色配成的。如深红与浅红、墨绿与浅绿、深黄与中黄、群青与天蓝等。

同类色在服饰搭配上的运用较为广泛，配色柔和文雅，显现的效果平和入眼。整体服色在协调中具有一定的层次感，如深浅不同或灰度不同的上下装搭配等。在明度、纯度统调的情况下，可以在服装的图案花纹以及服色所占的面积等因素上做变化处理。如图3-6所示，服装以蓝色为主色调，在上下装、里外装之间拉开色彩的明度差异，使整体服饰效果既统一又富有层次。

图 3-6　同类色搭配

2. 类似色搭配

在色相环中，相邻近的色彼此都是类似色，彼此间都拥有一部分相同的色素，因此在配色效果上，也属于较容易调和的配色。但邻近色也有远邻、近邻之分，近邻色有较密切的属性，易于调和；而远邻色必须考虑个别的性质与色感，有时会有一些微小差异，这与色彩的视觉效果相关联，直接与色差及色环距离有关。

类似色的配色关系处在色相环上30°以内的范围，这种色彩配置关系形成了色相弱对比关系。类似色配色的特点是：由于色相差较小而易于产生统一协调之感，较容易出现雅致、柔和、耐看的视觉效果。服饰色彩设计采用这种对比关系，配色效果较丰富、活泼，因为它有变化，且对眼睛的刺激适中，具有统一感，因此能弥补同类色配色过于单调的不足，又保持了和谐、素雅、柔和、耐看的优点。但是，在类似色配色中，如果将色相差拉得太小，而明度及纯度差距又很接近，配色效果就会显得单调、柔软，不易使视觉得到满足。所以，在服饰色彩搭配中运用类似色调和方法时，首先要重视变化对比因素，当色相差较小时，则应在色彩的明度、纯度上进行一些调整和弥补，这样才能达到理想的配色效果。如图 3-7 所示，服饰色彩或是相近或是相同，整体服饰形象达到统调的效果。

3. 对比色搭配

对比色组合是指色相环上两个相隔比较远的颜色相搭配，一般呈120°左右排列。其在色调上有明显的对比，如黄色与青色、橙色与紫色、红色与蓝色等，这种搭配方法给人的感觉比较强烈，但如果色彩配比不当，也易造成视觉的疲劳。

图 3-7　类似色搭配

将对比色运用在服饰上，在视觉上容易形成明
快、醒目之感，用在舞台演出服饰、儿童和青年女
性服饰上，其效果更为显著。但是，对比色的搭配
显得个性很强，较容易使配色效果产生不统一和杂
乱的感觉。可通过调配色彩的面积、改变色彩的明
度或纯度、打碎色彩面积等多种方式来进行调节，
加入黑、白等无彩色以及金、银等色进行搭配，也
往往可以起到减弱色彩视觉冲突的作用。在采用这
种服饰配色时，需注意其统一调和的因素，特别是
对比色之间面积的比例关系（图 3-8）。

巧妙运用色彩对比，还可以把人们的注意力吸
引到服装的某一部分，如领部、肩部、胸部、腰部
等服装的重点部位，来抓住人们的注意力。这些部
位的色彩可以是明度、纯度高的色彩，采用小面积

图 3-8　对比色搭配

的点缀与大面积明度、纯度低的色彩形成对比，小面积的色彩部位反而更加醒目和突出。适当的
色彩对比是在统一中谋求变化的手段之一。每套服饰的点缀色彩不要过多，以一至两处为宜。所
谓"多中心即无中心"，多会分散注意力，冲淡整个色彩效果。如明度相去甚远的黑与红、明
黄的搭配；或是色相差距很大的红、黄、蓝的搭配；或是对比色的碰撞，如红与绿、黄与紫的

搭配。为了达到色彩鲜明且对比适度的效果，每一个服饰形象中总有某一种色彩占据了主导的地位。当对比的色彩在服饰中所占面积相当时，则可以改变对比色中某一色的明度或是纯度，如提高紫色的明度——将粉紫与黄相搭配，同样能够达到预期的目的。

4. 互补色搭配

色相环上 180° 相对的互补色搭配，给人强烈的视觉冲击，例如红和绿、蓝和橙、黄和紫。互补色搭配更倾向于吸引相反方向的色彩，产生两种颜色之间的张力，营造活泼或者戏剧性的生动效果。如图 3-9 所示，深蓝和橙黄的对比给人以强烈而清新的视觉感受，正是蓝与橙两种互补色在面积上的合理比例所造成的。

图 3-9　互补色搭配

5. 无彩色与有彩色的搭配

黑、白、灰属于无彩色系，日常生活中，我们常看到的是黑、白、灰与其他颜色的搭配。与有彩色搭配时，无彩色常作为底色或者主色，一般来说，如果同类色与白色搭配时，会显得明亮，与黑色搭配时就显得晦暗。因此在进行服饰色彩搭配时应先衡量一下，不要将较暗的色彩（如深褐色、深紫色）与黑色搭配，否则会和黑色呈现出"抢色"效果，使整套服饰没有重点，而且整体会显得很沉重（图 3-10）。

6. 无彩色与无彩色的搭配

无彩色之间的搭配，通常指的是黑、白、灰色之间的搭配。这种搭配给人的感觉比较温和、统一、优雅，通常是通过明度上的调整使无彩色之间的搭配富于变化（图3-11）。

图3-10　无彩色与有彩色搭配

图3-11　无彩色与无彩色搭配

　　客观地说，每一个人都会与生俱来地偏爱某种色彩，都可能自觉或不自觉地选择偏爱的颜色，凡是被一个人偏爱的颜色通常会和他自身的肤色相和谐。如果每个人都能从自己偏爱的颜色中充分发挥，向邻近的颜色延伸，那么就会形成一个完整的、和自身色彩相协调的色彩系列，利用这一系列色彩来进行服饰搭配，再考虑到自己的性格、体型，最后必然会取得理想的穿着效果。实际上，这就是最适合个人的色彩风格。

第二节　服饰的款式造型搭配

服饰的款式是色彩与面料的载体，在款式的千变万化中，同样色彩、不同款式之间的不同组合构成了丰富的服饰面貌。服饰的款式涉及廓形、服饰内部线条组织以及细节的设置三个方面，直接反映了服饰搭配的整体效果。

一、服饰款式造型的基本内容

服饰的款式造型是构成服饰外貌的主体内容，此处，指的是服装的外在样式，主要包括以下几方面内容。

（一）服装轮廓结构

服装轮廓结构又称服装廓形，是服装外部造型的剪影，是决定服装整体造型的主要特征。简单地说，服装的廓形可以以直线型和曲线型来进行概括。20世纪50年代，克里斯汀·迪奥在服装构思方面以拉丁字母概括了服装的廓形，如H型、A型、X型、S型以及O型等。H型服装特征是腰、肩、臀之间没有明显的差别，一般细节部位也比较简洁，在西方服装史上曾被看成新女性的象征；A型服装是1955年由迪奥首创，以其创出的A字裙为代表，A字裙至今仍然受到不少女性的青睐；X型服装的特点是宽肩细腰、大臀围，放下摆造型，X型服装最接近人体的自然线条，女性气息较为强烈，是现代女装的主要造型；S型服装是指服装侧面呈现出S型，可以充分表现女性的曲线美，常用于高级女装设计。

✎ 知识拓展

关于A字裙

1955年，克里斯汀·迪奥（Christian Dior）从巴黎世家（Balenciaga）经典的三角裙中获得灵感，创造了A字裙。他把裙子腰部多余的布料裁去，从而使侧面呈现出更贴合身材的腰部线条，同时也保留了裙子在穿着时的宽松感。20世纪50年代的经典裙装强调束紧腰部，紧勒出身体曲线，而A字裙打破了这一传统。一开始人们拒绝穿上A字裙，因为它显得勒得不够紧，又显得不够正式，这让她们的身材毫无展示之地。但是到了60年代，人们又急切地想要将身体从捆绑式的服装中解放出来，A字裙从此一炮走红。在崔姬和杰奎琳·奥纳西斯也成为其追捧者之后，A字裙获得了时尚界的全面肯定和赞誉，并由此奠定了它在时尚领域中的标杆地位。

（二）服装内部的线条组织

服装上的线条按其功能可分为结构线和装饰线两种。服装的结构线指的是服装的肩部、下摆、袖口、袖缝以及省道等处不可或缺的实际缝线，具有一定的实用功能性；装饰线指的是服装上用于装饰服装、提升服装美感的线条，有明线与暗线两种，这种线条不仅本身要合理、协调，同时还需要具备一定的美感。

（三）服装细节设置

服装的细节一方面指的是服装的零部件，如领子、袖子、腰带、口袋、扣子及其他附件，服装零部件的设置不仅要符合美学的原理，同时要符合功能要求；另一方面指的是服装的装饰手法，如绣花、镶边、褶皱等工艺手法的运用，装饰手法在很大程度上能够增添服装的工艺感和可看性，成为服装的点睛之笔。

二、款式造型与服饰搭配

有人把服饰美总结为适体美、适时美、和谐美和装饰美。这里把适体美放在第一位，足以见得服装的款式造型在服饰搭配中具有何等重要的地位，在对整体服饰形象设计的过程中，服饰的得体搭配与组合是决定服饰整体形象塑造成与败的重中之重。

（一）廓形与服饰搭配

服装廓形是指服装被简化了的整体外形，讲究的是整体的大效果，对服饰的整体表现起到了关键的作用，我们可以借助不同廓形的搭配来改善整体形象。服饰搭配离不开上下装、里外装之间的组合，由于廓形是服装外沿周边的线条，因此服饰搭配所考虑的廓形关系主要指的是上下装之间的结合。比较讨巧的搭配方式是，相互组合的上下装廓形有张有弛，在收放之间表现人体线条。如上装为硬朗的H型直身风衣，则下装以贴身、下摆微放的小喇叭裤为宜，廓形一直一曲，一放一收，洒脱而不臃肿（图3-12左）；如上装紧身合体，很好地勾勒出人体的轮廓，下装再配以贴身的弹力裤，这样的廓形组合往往会显得单薄且易凸显出体型缺陷，如果下装搭配下摆扩张的阔腿裤，则是绝好的选择（图3-12右）。

另外，服装的廓形选择还需要考虑面料的软硬质地，有的面料柔软贴体，有的面料张扬而富有弹性，即使廓形相同，其着装后的效果也是完全不同的。更重要的是，人的体型有胖有瘦，有高有矮，现代人体以修长为美，服饰搭配也必须以人体为依据，因人而异地进行搭配。

（二）服装内部线条组织与服饰搭配

廓形线主要给人以整体印象，但只给人以整体印象还是远远不够的，在注重大效果的同时也需要注意细节。服装的结构装饰明线对服装的外观风格有一定影响，因而间接地对服饰搭配的最终效果也会产生或多或少的冲击。如图3-13中，海军装的领子边缘进行条纹装饰，并且与主体灰色进行对比，起到强调的作用，蓝色装饰线与蓝色帽子相呼应，灰色与蓝色进行搭配达到整体服饰形象协调的效果。

图 3-12　廓形搭配

图 3-13　装饰线与服饰搭配

　　服饰搭配更多的是服饰风格的融合与碰撞，服装装饰线条很多时候可以为判断服饰的风格特征提供有力的帮助。每件服装都有两种装饰线，一种为外装饰线，另一种为内装饰线。装饰线是外衣很重要的一部分，因为视线会随着装饰线而转移，它们直接影响着服装的外观效果。外装饰线和内装饰线可以使人看上去高一些或矮一些、苗条一些或结实一些，或将注意力吸引到身体的某一部位。不同形体特征的人应该按照自己身材的实际条件选择不同廓形的服装。

（三）服装细节设置与服饰搭配

服装的细节——领子、袖子、口袋等零部件的搭配，主要的选择依据是人体，以扬长避短为宗旨。口袋、扣子等服装附件与绣花、镶边等工艺手法一样，某种程度上也属于服装装饰手法的一种表现形式。无论服装运用何种装饰手段，其必然会侧重表现出某一种或是某一类的风格特征，如大量使用绣花、荷叶边的设计可能具有浪漫主义的风格倾向；多处使用镶边的服装可能具有中式传统风格的意味；多明贴袋、大粒装饰扣的服装往往中性化趋势明显（图3-14）。

图 3-14　服装的细节设置与服饰搭配

服装的细节设置仅仅只能作为风格判定的参考，风格是一个模糊的概念，服饰风格的判断是一项综合性的工作，涉及色彩、面料、款式造型等多方面因素，这些因素的千变万化使服饰风格的判定没有一个明确的标准可依。服饰搭配是服饰综合风貌的组合，不能过多地拘泥于服饰的单元要素。

第三节　服装与服饰配件搭配

服装与服饰配件的搭配是人们生活中非常重视的内容之一，服饰配件的发展与人类服装历史的发展密不可分。从古至今服饰都具有典型的代表性，服饰配件与服装的搭配在服饰设计中发挥着重要的作用。人们通常会根据所处时代的流行趋势进行合理的服饰配件搭配。适当合理的服饰配件搭配不仅能够使人的外观视觉形象更为整体，装饰物的造型、色彩以及装饰形式还可以弥补某些服装、发型等方面的不足，而且还会改变服饰风格，提升整体形象。服饰配件独特的艺术语言，能够满足人们不同的心理需求。在人类文明发展不断进步的今天，服饰配件在服装领域中仍是不可缺少的，已经成为人类群体中十分重要的文化成分之一。

一、 服饰配件的特性与分类

不同的服饰配件具有不同的表现形式，在塑造服饰形象时要结合不同的配件特性，妥善处理其与服装的搭配关系，这样才能对整体服饰形象的表现效果起到衬托、配合甚至是画龙点睛的作用。

（一）服饰配件的特性

服装与饰品之间是相互依存的关系，"服"和"饰"是两个不可分割的整体。一般而言，配件离开了服装就难以散发出迷人的光彩，服装如果没有配件的衬托，也会黯然无光。"服"和"饰"不是孤立存在的，它们受到周围社会环境、风俗、审美等诸多因素的影响，经过不断地完善和发展，形成了今天丰富的样式。历史存留下来的各类服饰配件，它们的纹样、造型、质地以及色彩等都留下了当时文化、地域、政治以及经济等多个方面的印记，也为人们研究当时的服饰文化提供了重要的参考资料。

1. 从属性

从服饰搭配的整体来看，服饰配件是服饰的一个有机组成部分，这也是服饰配件最为重要的特性之一。服饰配件本身可能成为一件单独的艺术品，但同时又包含于服饰这样一个整体之中，服饰配件中无论是首饰还是包袋、鞋帽，任何一件饰品的搭配不和谐都可能影响整体服饰的效果体现。服饰搭配艺术是整体性的艺术，是服装与配件之间和谐而统一的艺术形象，如果在服饰搭配时，将服装与饰品之间的整体构思分割开来，就必然会削弱服饰形象的整体力量。

在服饰的整体搭配中，服饰配件处于从属地位，是服饰艺术的一部分。个人形象的塑造要通过个人外在形象以及内在修养表现出来，而外在形象就包括了服装、饰品、发型、化妆等因素的完美结合。一般情况下，个人的装扮应该注重服饰与个人形体、气质条件的吻合，其服饰配件、发型、化妆等都要围绕服饰的总体效果来进行设计，以体现穿着者的审美水平和艺术修养。在一些特殊情况下，如珠宝发布会上，也会将服装与饰品的关系倒置，以款式简洁、色彩素雅的服装搭配华丽的首饰，以达到宣传主体的目的。另外，我国一些少数民族也非常注重饰品的装扮，如苗族民族服饰大量使用银质饰品来进行装饰，在服饰的整体搭配中，银饰品所起到的作用是极为突出的（图3-15）。

图 3-15　苗族的民族服饰搭配（摄影师：龙怡忻）

2. 历史性与民族性

　　服饰配件的发展具有历史性与民族性的特性。一个民族的喜好，表现出该民族独特的审美情趣。图 3-16 中分别是瑶族和壮族的服装与服饰配件，其风格特点截然不同。不同民族服饰配件的特点受到地域、文化等多方面因素的制约。

（a）瑶族　　　　　　　　　　　（b）壮族

图 3-16　少数民族服装与服饰配件

以藏族为例，藏族传统首饰的表现形式，在很大程度上受其传统的思想观念、社会情态，乃至生产生活方式尤其是传统的游牧生活的影响。藏族的游牧生活导致藏族人民四处搬迁寻找水草丰盛之地，将全家甚至几代人所积累的财产转化为珠宝首饰满身披挂，既安全又方便。因此，藏族人民所穿戴披挂的不仅是服饰配件，还是一笔巨大的财产，展示的不仅是美，还象征着豪华与富有。

特殊的地理环境构成特殊的文化环境，而历史文化的发展又受地理因素的影响。我国大多数少数民族由于所处地理环境特殊，配饰在不同程度上都保持了民族历史发展的地域性特征。即使是同一民族，生活在不同地区也有不同的配饰特征。少数民族服饰的这些"附加物"丰富多彩，它们作为服饰的有机组成部分，不仅具有强烈的装饰性，更具有代用物、补充物以及保护物等多种功用，因而显得十分实用且不可或缺。配饰为民族服饰增辉添彩，成为民族服饰的精华，服中有饰、饰可成服是民族服装的一个特色。

3. 社会性

社会的因素对于服饰配件的影响是不可忽视的。从历史性和民族性的角度来看，服饰配件仍旧是基于其社会性的基础而产生的。在长时间的封建社会制度之下，一些服饰配件被赋予了一定的政治含义，甚至成为社会地位的象征，随便穿用是要受到严厉惩罚的。就现代而言，人们的着装是依赖于当今的社会环境、文化等因素的，服装及其饰品搭配要符合人们群体的认同程度，以服装为主体，鞋、帽、首饰等配件必须围绕服装的特点来进行搭配，从款式、色彩、材料上形成一个完整的服饰组成，与着装环境、着装目的形成完美的统一。

（二）服饰配件的分类

服饰配件的分类方法有很多种，按照不同的要求可以分为不同的类别。按照装饰部位可以分成发饰、面饰、耳饰、腰饰、腕饰、足饰、帽饰、衣饰等；按照工艺可以分成缝制型、编结型、锻造型、雕刻型、镶嵌型等；按照材料可以分为纺织品类、毛皮类、贝壳类、金属类等；按照装饰功能可以分为首饰、包袋、头饰、腰带、帽子、手套、伞、领带、手帕等。在服饰搭配艺术中，对于服饰配件的划分是按照不同的装饰效果以及装饰部位进行分类的，具体见表3-1。

表3-1 不同种类的服饰配件装饰部位与装饰效果、功能

服饰配件种类	装饰部位	常见材料	装饰效果与功能
首饰类	人体的各个部位	金属、玉石、珠饰、皮革、塑料等	兼具装饰与实用功能，恰到好处的首饰点缀可以起到画龙点睛的作用
帽饰类	头部	纺织品、皮革、绳草等	兼具遮阳、防寒护体的实用目的及美观的装饰作用，帽饰由于处于人体较为醒目的位置，对服装的整体搭配效果起到了极为重要的作用

续表

服饰配件种类	装饰部位	常见材料	装饰效果与功能
包袋类	因使用手法不同而不同	纺织品、皮革、绳草等	兼具放置物品的实用性能及美观的装饰性，是服饰搭配中重要的饰品之一，在搭配时其装饰性功能应符合服装的总体风格特征
鞋袜、手套类	手、足部位	纺织品、皮革等	兼具防寒保暖以及装饰作用，随着人体的活动，鞋袜、手套处于一个不断变化的视觉位置，是人们不可忽视的重要饰品与配件
腰饰类	腰部	纺织品、皮革、绳草、金属、珠饰等	兼具绑束服装的实用功能及装饰的美学功能
领带、领结、围巾类	颈部	纺织品、皮革等	兼具固定衬衫或是防寒保暖的实用目的以及装饰的重要作用
其他类	人体的各个部位	各种材料	包括伞、扇子、眼镜等，实用功能与装饰功能相结合的配件

二、常用服饰配件的搭配

在选用饰品的过程中，要注意把饰品的设计和化妆设计、发型设计及服装设计等几方面综合起来考虑，做到不仅考虑整体形象设计创意，还要照顾每个局部之间的关系以及形象的原型和人物自身的条件。在设计的同时，要不断调整、改进，以达到理想的装饰效果。

（一）帽子

帽子是服饰搭配中不可忽视的点睛之笔。美的最高境界在于和谐，佩戴帽子需要讲究人体、服装、帽子三者的协调搭配。

首先，要根据身材搭配帽子。帽子可以衬托一个人的整体美，所以佩戴时要注意帽子与身材的协调。身材高大的人，不宜佩戴高筒帽，那样会使人显得更高、更大，也不宜佩戴小帽子，那样会显得十分滑稽；身材矮小的人，不宜佩戴大帽子，更不宜佩戴平顶宽檐帽或长皮毛帽，因为会使人显得更加矮小。

其次，要根据脸型佩戴帽子。运用"相反相成"的原则，会获得扬长避短的效果。长脸的人适合佩戴方圆、尖形或大帽檐的帽子，不宜佩戴高帽子；尖脸的人佩戴圆形帽效果更好，不宜佩戴鸭舌帽；圆脸的人适合选择长顶帽或宽大的鸭舌帽，不宜佩戴圆形帽；方脸的人除了方形帽之外，可以佩戴任何形状的帽子。尤其要注意的是，无论选择何种款式的帽子，最终达到的目的是使脸型在视觉上呈现出一定比例缩小的效果。

最后，要根据年龄佩戴帽子。帽子与年龄相称，才能获得相得益彰的整体效果。儿童天真活泼，应佩戴色彩鲜艳、装饰醒目的帽子；青年人朝气蓬勃，帽子的式样和色彩可供选择的范围很广；中老年人庄重沉稳，尽可能佩戴色彩较素雅的帽子，装饰也不宜过多。

更重要的是，还应根据服装佩戴帽子。牛仔服要与具有粗犷感的帽子匹配；华丽精巧的帽子适合搭配风姿绰约的晚礼服；贵妇型的宽檐帽最好与飘逸潇洒的时装相搭配；活泼的贝雷帽则适用于随意的休闲装；穿轻便型大衣或风衣适宜佩戴便帽；穿厚重的毛呢大衣适宜佩戴厚实的帽子；穿西式礼服就应佩戴相应的礼帽（图3-17）。

图 3-17　帽子与不同风格服装的搭配

色不在多，协调则美。人、衣、帽三者的色彩搭配，一般不要选择或使用过多的色彩。在特定情况下，衣帽同色可获得意外的效果。例如，皮帽与皮大衣的领子、袖口同色同质，会表现出高雅华贵的风姿；身材矮小的人衣帽同色，会产生整体连贯感，使身材显得高大一些（图3-18）。在特定情况下，衣帽异色也可获得意外的效果。例如，有意将整体重心提升到头部时，不妨将衣帽进行强烈的对比配色，如白衣红帽、红衣黑帽等，突出帽子的领衔作用，产生鲜明的节奏感（图3-19）。

图 3-18　衣帽同色搭配

图 3-19　衣帽异色搭配

衣帽的色彩协调固然会产生整体的美感，而衣帽的款式和谐也同样会显示相映成趣的美感。每种帽子都有它造型的独特之处，其中比较突出的是通过不同线条来体现不同的风格。如垂直线表现力度和严谨，水平线表示沉着与安定，斜线显得活泼和轻快，曲线是雅致和优美的象征，断续线给人以清新、柔和的印象。只要善于把握和领会这些不同帽子的格调，搭配相应款式的服装，就可以显示出非凡的气度。

（二）鞋子

在当今的各种风尚之中，鞋子也是一种文化，更是一种时尚潮流的体现，而且每个人都在经意或不经意间表现着这种文化。一双经典实用款式的鞋子可以让穿着者应付各种社交场合都不失礼，它既要具有时尚百搭的特性，更要能衬托出个人的优雅品位；一双适合与正式西装搭配的皮鞋能衬托出人的优雅气质；一双适合与休闲服装搭配的皮鞋能让人更自然、洒脱、自信（图3-20）。服饰要达到整体和谐，即从头到脚的颜色、款式相互呼应，才能体现一个人的文化修养、审美情趣和潇洒风度。

图3-20 创意鞋子搭配

鞋子发展至今，无论款式还是色彩都在不断变化，可谓异彩纷呈、足底生花。例如，自2007年春夏季开始，金属色尤其是金银两色开始风行，时尚女性几乎都选择了不同款式的金色或银色的鞋子。但是，不是每双鞋都适合任何一个人的，不能盲目跟从流行，必须根据人体自身的条件及化妆、服装、配饰等外部因素来选择合适的鞋子进行搭配。

此外，鞋子的选择也需要根据季节来进行搭配。夏季，各式各样的凉鞋或拖鞋当是首选。如果脚型秀气，就可以任意挑选大部分款式的凉鞋。但是，又厚又重的鞋子是不能衬托秀气的小脚的。若是有一双胖乎乎的脚，则不宜挑选细带子的凉鞋款式，宽度适中的带子是不错的选择，会在一定程度上修饰脚型。大脚的女性不宜穿尖鞋头的鞋子，那样会使脚显得更长，方头、圆头的鞋能让人在视觉上感觉脚小一些。

冬季，皮靴自然成为宠儿。皮靴的款式很多，有及踝的低筒靴，至小腿肚的中筒靴，更有高至大腿部的过膝高筒靴。要根据腿型挑选靴子，如果小腿部粗壮，可以选择中筒靴；高至大腿的过膝高筒靴对于个子普遍不高的亚洲女性来说显然有点夸张，这种长筒靴会使人重心下移，只能使人看起来更矮小；而腿型不好看的女性，如O型腿、X型腿的女性，选择中筒靴能够在视觉上对腿型起到一定的修饰作用。

春、秋季节，可以选择的鞋子多种多样，由于气候比较温暖，着装也轻便，所以鞋子的装饰作用尤为突出。在鞋子与服装的搭配上，要时刻注意鞋子的颜色一定要比服装的颜色深，这样不会产生头重脚轻的不适感，有助于整体效果的呈现。黑色鞋子往往是最安全的选择。娇小身材的人尤其应该注意鞋子的颜色最好与皮包同色或同调，因为颜色差别大会造成视觉分割，使身材看起来更娇小。

总之，鞋虽在脚下，但对人的整体形象设计来说也是极其重要的一个因素。一双合适的鞋子会使人身姿更挺拔、健美，使服装更显光彩，让人足下生辉、精神焕发。

✎ 知识拓展

及踝短靴穿搭要领

（1）用同色的丝袜搭配及踝短靴。比如，在穿黑色的短靴时，搭配黑色丝袜，这样会拉长腿部线条，让身材看上去更加纤瘦。

（2）挑选及踝短靴时，要注意别挑选那些高度正好卡在脚踝处的，它们和那些只适合被阔腿长裤罩住的鞋没什么区别。而且，这种高度的鞋子会让腿部线条显得生硬，腿会看起来又短又粗。

（3）及踝短靴是帆布鞋最好的替代品。当你觉得用帆布鞋搭配某身装束太普通的时候，可以换一双短靴试试。

（4）及踝短靴极好地将粗犷和柔美的感觉融于一身。所以，当你把这种看上去带点中性色彩的短靴穿上时，别忘了展示它柔美的一面。只有轻松驾驭两种感觉，你才能释放出这款单品最大的魅力。

（三）首饰

首饰在形象设计中往往起着重要的装饰点缀作用，对整体形象的表现效果具有衬托、配合甚至画龙点睛的作用。但是，佩戴不合适的首饰不但不会增添光彩，反而会破坏整体形象。在选戴首饰时，应注意以下几点。

（1）首饰的选戴要以服装为依据。原则上是穿什么质地的服装就应搭配相应质感的首饰，穿什么风格的服装就应搭配相应风格的首饰。身穿高档丝绸或毛料制成的晚礼服参加宴会或舞会时，不妨选戴钻石首饰，这样能够显示出高雅华贵的风采，并与宴会或舞会的氛围相协调；身穿混纺面料时装去度假或旅游时，最好选戴中低档的，款式新潮、奇特的首饰，既活泼又时髦，还不必顾虑会丢失；身穿办公服或工作服去上班时，就应选戴款式简练大方的首饰，既增加了对服装的装饰，又调节了工作中的紧张气氛（图3-21）。

图 3-21　首饰与服饰风格的搭配

在色彩上，首饰的色彩与服装的色彩可以是同类色相配，也可以是协调中以小对比点缀。如紫色系的丝绸服装配以黄色系首饰，素色的服装配以鲜艳、多色的首饰，艳丽的服装配以素色的首饰等（图 3-22）。

图 3-22　首饰色彩与服装色彩的搭配

（2）首饰的选戴要特别注意造型款式和色彩上的呼应与配套。常见的配套方式有耳环与项链两配套，耳环、项链、戒指三配套，耳环、项链、戒指、手链四配套，耳环、项链、戒指、手链、胸花五配套等多种类型。首饰的色彩要根据不同场合、不同环境、不同服装来进行搭配，但需要注意的是色彩不宜过多、过杂。如在我国东北地区，冬季较长，服装厚重保暖，大型的黄金马镫戒指、大耳环和色彩鲜艳的宝石首饰十分走俏。而南方地区气候温暖，服装单薄清爽，色彩淡雅、玲珑剔透的小型首饰就成为热门款式。有些艺术修养较高的人，往往会根据自己服装中的一个主要色调来确定首饰的色彩，甚至就采用自己服装的面料来制作首饰，自然和谐，独具个性。

（3）首饰的选戴还要注意切合人物的身份，表现出个人不同的气质和风度。如中老年女性，身穿适体的旗袍，耳戴一对小巧的金耳环，手戴一个细细的镶宝石闪光戒，就会显得格外端庄大方；年轻的姑娘，身穿飘逸的连衣裙，温柔淡雅，佩戴款式活泼的新潮首饰，既清纯又现代。

知识拓展

挑选钻饰的4C法则

（1）色泽（Color）　最珍贵的钻石几乎是完全透明或者接近完全透明的（切磨后呈白色）。色泽越透明，白色越能穿透，经折射和色散之后的颜色就越缤纷多彩。

（2）切割（Cut）　切割指的不是钻石的形状，而是钻石的切割工艺。主要从切割比例和切割角度两方面鉴别。

（3）净度（Clarity）　最珍贵的钻石当然是要接近无瑕疵的。一般钻石表面和内部都会存在瑕疵。表面的瑕疵称作外形瑕，内部瑕疵被称作内含瑕。

（4）克拉（Carat）　克拉是钻石的质量单位，用ct表示，1ct=200mg。

（四）包袋

包袋出现的初期是出于实用的目的，用以放置物品。中国古代人们常常使用包袋、褡裢作为出行物品的收纳用途。由于时尚产业的推动，包袋已经成为现代人服饰搭配的重要组成部分，兼具了实用和美观的双重功能。同时，包袋的设计也向着不断求新立异的方向发展，每一季的流行服饰时尚发布都离不开包袋的点缀。

包袋有实用性和装饰性两大功能。包袋与服装的关系，首先体现在包袋的款式、造型要与穿着者的体形协调和统一。包袋和服装在色彩、图案上存在着既对比又协调的美。当选择色彩和图案都很丰富的衣裙时，包袋无论在形还是色的表现上都要力求简洁、单纯，以此来突出服装的美，同时也反衬出包袋的魅力，达到丰富与简单的对比美。如果服装的色彩纯度很低，包袋的颜色就应采用较为明快的色彩，形成纯与浊、明与暗的对比，在不失服装灰暗色调的同时，增添几分活跃气氛。有时会运用配套服饰设计，将包袋、腰带、手套、鞋等几种配件均选同一种材料或颜色，产生强烈的上下、前后的呼应和联系，给人以极强的统一感。包袋的颜色要与季节、服装、场合等相协调。正规场合可选用羊皮、鼠皮、鳄鱼皮等珍贵材质的手提包。

1. 包袋常见材质与风格

包袋的制作材料极为广泛，包括棉、麻、各种人造以及天然纤维面料等，可用于服装制作的面料都可以用于包袋的设计，而很多服饰不能使用的材质，包袋也可以使用。制作材料的差异，装饰手法的不同，使得包袋呈现出多样的款式风格（图3-23）。在不同的流行阶段存在不同的流行风格，设计师往往根据不同时期的不同流行风格来设计包袋，从而形成独特的风格。如以抽象的图案表达度假风格；用漂白、喷砂洗、染洗或制造像被猫抓过的白线效果表现残旧风格；以起皱的效果加点扎染技巧，做出浓浓的怀旧效果；从工装中提取元素，用功能性、实用性兼具的口袋设计以及装饰性明线、补丁，拉链的金属质感与包袋轮廓明朗的线条，营造出粗犷热烈的气质；等等。

图 3-23 不同材质与风格的包袋

2. 包袋与服饰搭配注意事项

服饰搭配时，色彩与服饰搭配的协调固然是重要的，但更为重要的是服饰风格与包袋风格之间的融合。穿着休闲的T恤，可以搭配质地柔软的包袋，以配合服饰所体现的悠闲的生活态度；端庄稳重的职业服饰，则可以搭配廓形鲜明、外形小巧的包袋，以体现职业女性干练又不失精巧的性格特点；如穿着高贵的晚礼服，则包袋的配饰同样要具有优雅的气质，质地精美的皮质包袋或是手工珠绣的包袋都是不错的选择；工作繁忙的职业男士，在出席公务场合时，整洁的西服、领带，搭配外形硬朗、色彩稳重、做工精良的公文包为佳；日常休闲登山时，一个色彩明快、款式新颖的双肩背包既实用又不失时尚（图3-24）。如果一款具有民族风情的包袋，出现在严肃的职业场合显然是不合适的，但如果是在欢乐的聚会中出现，则可能吸引不少注目的眼光。

图 3-24　包与不同风格服饰的搭配

　　包袋与服饰的组合如果搭配得当将起到画龙点睛的作用，使服饰形象显得更为整体；而如果包袋与服饰的组合不够融洽，则会起到适得其反的效果，使服饰形象显得凌乱，穿着者的个人魅力也会大打折扣。

（五）丝巾

　　丝巾的选择和个人的色彩类型及穿着风格是密切相关的。个人色彩是由个人的头发、眼睛、皮肤的颜色决定的，分为深、浅、冷、暖、亮、浊六大类。

　　深色女人在生活中经常被称作"朱古力"美女，有黑黑的头发、黑黑的眼睛和不太白的肤色，这样的女士选择丝巾时就要选择一些颜色浓重、色彩浓艳的丝巾款式，而不能选过于清浅泛旧的颜色，否则会让脸色显得苍白而没有精神。相反的，一些清浅颜色的丝巾，如浅桃色、浅金色等，则适合"浅"色型的人，这类人大多是头发、眼睛不太黑，皮肤较白，如果系了深色丝巾，会显得老气而呆板。蓝色或紫色丝巾充满了浪漫色彩，适合脸上有青底调的"冷"色型人。"冷"色型人不能系黄底调的丝巾，否则会显得憔悴而无神。橘黄色等黄底调的颜色是充满阳光般温暖的，但不是每个人都适合，只有"暖"色型人用才漂亮，"暖"色型人可以选择南瓜色、鲜黄等色调的丝巾。有黑黑的头发、白白的皮肤、黑黑的眼睛的是"亮"色型人，一些亮粉、苹果绿、水蓝等鲜艳度高的丝巾是"亮"色型人的最好选择，这些高艳度的颜色会让"亮"色型人折射出钻石般的光彩。"浊"色型人则应选择饱和度、明度不要太高的中性色彩，较为雅致、古朴的花形可以衬托优雅气质。

丝巾除了颜色要选对外，还要注意款式、质地和系法，不同的扎结手法使丝巾呈现出独特迷人的时尚，为服饰带来变化。例如在娱乐场合，将丝巾在胸前打上个花结，显得端庄淑美；在正式社交场合，将大丝巾披在肩上，展示华丽与优雅；在休闲场合，将花丝巾系在颈后，便多了几分飘逸的动感。还可以将丝巾化为女士身上浪漫精致的上衣与优雅飘逸的长裙，甚至成为头巾、发饰与腰带，更可巧妙地系打成轻便的手提袋和腰包，或是作为帽子与皮包的装饰（图3-25）。

图 3-25　丝巾搭配

知识拓展

历史上的经典丝巾造型

（1）格蕾丝·凯莉用来包住受伤手臂的丝巾造型。

（2）1950年女王伊丽莎白二世被印在邮票上的丝巾造型。

（3）20世纪60年代，杰奎琳·奥纳西斯躲避媒体时，以丝巾包头的造型。

（4）奥黛丽·赫本在电影《蒂凡尼的早餐》中将丝巾系在帽子上的造型。

（5）麦当娜在电影《踩过界》中用丝巾围成上衣的造型。

（6）萨拉·杰西卡·帕克在美剧《欲望都市》中用丝巾绑头的时尚造型。

（六）领带

领带是西装配饰之一，男女都可佩戴，但主要用于男性，并且由于男性着装相对单一这一特点，领带便成为男性着装中突显其着装品位、社会地位以及审美习惯等的重要标志。因此，有人将领带称为"男性的象征"。

关于领带的起源，一直众说纷纭。"领带保护说"认为领带的前身是日耳曼人的草绳。日耳曼人居住于深山老林，平日披着兽皮来取暖御寒，为了使风不至于从颈间吹进去，他们将草绳扎在脖子上以固定兽皮，后来他们脖子上的草绳被西方人发现，逐步完善成了领带。"战争说"认为领带起源于罗马帝国时代。那时军人赴前线打仗，家里人会把一块方巾系在他们的脖子上，可以在战争中用来包扎、止血。中国古代的兵马俑颈间也有类似领巾。后来，为了区分士兵等级或不同作战部队，开始采用不同花色的领巾。发展至如今，职业的多样性也催生了不同样式的领带，许多人选择用领带彰显社会分工与专业性。

一般来讲，在正式社交场合与公务交往中，领带的图案和色彩应该庄重大方，既不能跳跃出严肃的氛围，又要能够彰显个人的非凡气质和审美张力；而在休闲场合，则可以不必过于拘谨，应该贴合不同情形下的环境气氛，同时依据个人喜好，选择符合流行时尚的领带。同时，领带的配色极为重要，在挑选领带时，应重点考虑西装、衬衫和领带三者之间的色彩搭配。用一个成语概括，即"里应外合"，也就是根据西装及衬衫的色彩来搭配领带，使领带不仅能够同时与西装和衬衫搭配协调，而且还能在西装和衬衫之间起到过渡调和的作用。

领带的具体搭配方法有两种。一种是调和色的搭配方法，即西装、衬衫、领带三者色彩基本接近。这种搭配的方法有三类：深—中—浅，如西装为藏青色，衬衫为深灰色，领带为月白色；深—浅—深，如西装为深蓝色，衬衫为浅蓝色，领带为深蓝色；浅—中—浅，如西装为驼色，衬衫为棕色，领带为驼色。另一种是对比色的搭配方法。这种方法要求在衬衫和领带中，必须有一种色彩特别鲜艳醒目，与西装的色彩形成强烈的对比，引人注目。如西装为浅灰色，衬衫为蓝色，打一条鲜红的领带，这种配色方法常常受到年轻人的青睐。男士领带的搭配案例如图3-26所示。

图3-26 男士领带的搭配

三、服饰配件与服装的搭配原则

服饰配件的使用与服装之间是相互作用、相辅相成的，只有当两者协调统一时，它们的美感才会充分展现出来。此处所指的"统一"为大统一的概念，即不论服饰配件与服装之间在色彩、款式或是造型上和谐抑或对比，只要在服饰形象完整的前提下，表现出了服饰美的特性，都可以称之为"协调统一"。一般服饰配件与服装的协调统一还要注意以下几方面的事项。

（一）风格上的呼应

服饰配件的选择是以服装的风格、造型作为前提和依据的。选择与服装相搭配的各类配件，首先应确定服装主体的基本风格，然后根据实际情况考虑搭配的效果。一般情况下，服饰配件的选择应强调与服装之间的协调，如礼服的风格精致华贵，则要求服饰配件的风格也应具有雍容的晚宴气质；便装的款式构成较为简洁大方，则服饰配件的风格也要随意和自然。风格呼应并不意味着服装与服饰配件的风格必然具有相似性，具有混搭意味的服饰组合，服饰配件与服装之间存在一定的对比，作为客体的服饰配件反而使得服装更为突出，这样所达到的统一关系也属于风格呼应的一种形式。

（二）体积上的对比

把握好局部与整体之间的大小比例关系是处理好服饰配件与服装搭配的关键性因素。服饰配件是服装的从属性装饰，但并不是以一味地减少其在整体服饰形象中所占据的体积比为前提的。一件独具特色、精致漂亮的服饰配件可以为服装增色不少，妥善运用各类服饰配件是服饰搭配艺术中必须极为重视的一个问题。服装与服饰配件之间的主从关系极为微妙，服装与服饰配件两者之间存在的主客体关系是始终贯穿于服饰搭配过程中的。一方面，服装的主体关系不容忽视；另一方面，服饰配件的客体关系有时还会与主体产生倒置。服装与服饰配件的主客体倒置，不能简单地理解为一味地去追求服饰配件客体的作用，而是在一种新型的服饰配件与服装的关系基础上，力图达到神形统一的效果，其实适当地突出服饰配件的客体作用，是为了更好地强调服装的主体地位。同时，服饰配件与服装的主客体倒置要避免服饰配件与服装脱离太远，而达到一种既突出客体却又不改变其从属地位，弱化主体却又不和主体相脱离的状态。

（三）肌理上相对比

制作服饰配件的材料种类很多，服装与服饰配件的组合可根据穿着者不同的心理需求、审美趣味做出相应的变化。服装与服饰配件之间的肌理对比最为突出的体现是在面料上，比如，当服装的面料较为细腻时，可选择质感粗犷而奔放的包袋；当服装面料较为厚重而凹凸不平时，则可选择肌理光润柔滑的包袋，与服装面料造成鲜明对比。总之，从服饰的整体肌理效果来看，两者之间既可相互对比又可相互补充，既可互相衬托又可相互协调，在搭配变化中产生出一种特有的视觉美感。

（四）色彩的配合

色彩是整体服饰形象的第一视觉印象。服饰配件常常在整体的服饰色彩效果中起到"画龙点睛"的作用。当服装的色彩过于单调或沉闷时，便可将鲜明而多变的色彩运用到服饰配件中，来调整色彩感觉；而当服装的色彩显得有些强烈和刺激时，又可利用服饰配件单纯而含蓄的色彩来缓和气氛。服饰配件色彩的处理要根据肤色、服装色彩的比例来协调穿着者的形象。过分夸大或减弱饰品的色彩都会对穿着者的整体形象产生不良效果，要根据服装色彩的冷暖、色块的分布来选择相应形成对比、协调、强调、呼应的饰品颜色，穿着者的整体形象在色彩上才有层次感。

服饰配件虽然在服饰的整体效果中占有一定的位置，然而在审美实践中人们认识到，其艺术价值是与服装分不开的，服装和服饰配件一经穿戴，便成为人们外表的一个组成部分，烘托、陪衬和反映着人们的内在气质和精神素养。

第四节　服饰的风格表达

风格是服装的独特性展现，没有独特性就没有风格。服饰风格表现了设计师独特的创作思想、艺术追求，也反映了鲜明的时代特色。无论哪种风格，体现的都是一种品位和情调，不同的服饰风格，人们对其都有着不同的主观反映。

一、服饰风格定义

"风格"一词来自罗马人用针或笔在蜡版上刻字，其最初含义与有特色的写作方式有关，之后其含义被大大扩充，并被用于各个领域。服饰艺术作为视觉艺术的一个种类，它具有独特的外在视觉形式以及丰富的设计内涵，其形式与内容的统一，构成了服饰搭配艺术的独特风貌。所谓服饰风格，是指一个时代、一个民族、一个流派和一个人在服装外在形式及内在涵养方面所显示出来的价值取向、内在品格和艺术特色。服饰风格是构成服饰形象的所有要素形式，统一的、充满魅力的外观效果，具有一种鲜明的倾向性风格，能在瞬间传达出设计的总体特征，具有极强的感染力，能使人产生精神上的共鸣。同时，服饰风格也能够表现出设计师独特的创作思维以及艺术修养，反映鲜明的时代特色。

服饰风格意味着服饰具有与众不同的特点，具有一定的辨识度。唐代的服饰，无论是色彩还是款式，都有雍容华贵的风范，与明代服饰的儒雅严谨的特色迥然不同。法国服饰往往具有浪漫主义的色彩，与日本服饰严谨的特点相异。同样，香奈儿品牌与迪奥品牌的服饰也具有全然不同的特点，各具自己的品牌与服饰特色。

二、服饰风格分类及特点

风格是某一类服饰与另一类服饰区别的标签，不同的文化背景造就了不同特点的服饰。但无论服饰的风格如何划分，所有风格的服饰都有一个共同的特点，即任何一种风格的服饰都会带有明显的时代烙印。从单纯的某种服饰风格来分析，它可能会带有独特性，但是它总是带有与同时期的政治、文化、经济相通的内涵，并构成一种区别于另一历史时期的集体风格。

服饰风格所反映的客观内容，主要包括三个方面：一是时代特色、社会面貌及民族传统；二是材料、技术的最新特点和它们审美的可能性；三是服装的功能性与艺术性的结合。服装风格应该反映时代的社会面貌，在一个时代的潮流下，设计师们各有独特的创作天地，能够开创百花齐放的繁荣局面。下面主要从古典主义风格、浪漫主义风格、都市风格、解构主义风格、朋克风格、混搭风格、中性化风格、童趣化风格、复古与新潮风格这些经典的风格进行分析与阐述。

（一）古典主义风格

古典主义风格是服饰艺术中的重要流派。服饰中的古典主义风格起源于古希腊，古希腊的服饰和雕塑一样，强调对人体自然美的推崇。古典主义风格象征着一种怀旧、复古的情怀。古典主义风格的服饰典雅端庄、脱俗雅致，其服饰样式主要是欧洲的宫廷王室所拥有的衣着时尚，代表了贵族阶层的审美情趣。古典主义风格的服饰典雅富丽，体现出意蕴悠长的高贵与美丽，且带有浓厚的古典雕塑、建筑风味以及强烈的唯美主义倾向。古典主义风格的服饰强调高胸、高腰身，方形的领口较为宽大，并且开得很低（图3-27）。

图3-27 古典主义风格服饰的表现

新古典主义风格追求复古、自然的纯粹形态，倾向于追求贵族化的典雅富丽，显现出古韵悠长的华美形式。款式上有金属线锁边支撑的荷叶边领，拖曳及地的钟形鲸骨撑裙，袒胸束腰的塔夫绸长裙等。色彩上多以沉稳、端庄、古朴的色彩为主，如代表性的宫廷建筑色彩中的紫色、金黄色、深红色，正统颜色的黑色、深蓝色、棕色、白色。图案优雅庄重，常见的多为经典的几何形和动植物，具象且丰富，宣扬着复古的情愫。造型及细节上，结构明显、外观硬朗。花边、褶皱设计，金属线的镶边、装饰物的镶嵌、图案花纹的刺绣等工艺手法比较常见。配饰华丽且繁多，有复古元素的装饰物，也有金银宝石首饰。新古典主义风格的服饰如图3-28所示。

图 3-28　新古典主义风格的服饰

（二）浪漫主义风格

浪漫主义风格源于 19 世纪的欧洲及北美，交通逐渐开始发展使人们生活的空间扩宽，人文主义思潮令哲学、音乐、绘画都空前活跃与革新，工业革命带来的新生活方式，使服饰有了很大的改变。在这样的背景下人们开始追求完美的理想化生活。这一时期的时装修长流畅、装饰优雅清丽。在服装史上 1825 ～ 1845 年被认为是典型的浪漫主义时期，服装的特点是细腰丰臀，强调女性特质的体现，注重整体线条的动感表现，使服装能够随着人体的摆动而显出轻快飘逸之感（图 3-29）。

浪漫主义风格的服饰极富形象力且颜色丰富多彩，注重轮廓的裁剪。常用怀旧、复古、异域和民族等主题来表达浪漫主义。在现代服装设计中，浪漫主义风格主要反映在柔和圆滑的线条、变化丰富的浅淡色调、轻柔飘逸的薄型面料以及泡泡袖、花边、滚边、镶饰、刺绣、褶皱等。浪漫主义风格善于抒发对理想的热烈追求，热情地肯定人的主观性，表现激烈奔放的情感，常用瑰丽的想象和夸张的手法塑造服装形态，将主观、非理性与想象力融为一体，使服饰更个性化，更具有生命的活力。例如亚历山大·麦昆（Alexander McQueen）2018 春夏系列灵感来自传统的英式花园，包括精心设计的花卉植物、蜿蜒曲折的花坛，还有争妍斗丽的盛放繁华。整个系列大量使用造型繁复的饰带、蕾丝、花边等装饰手法，浪漫随意，简洁而又富于变化（图 3-30）。

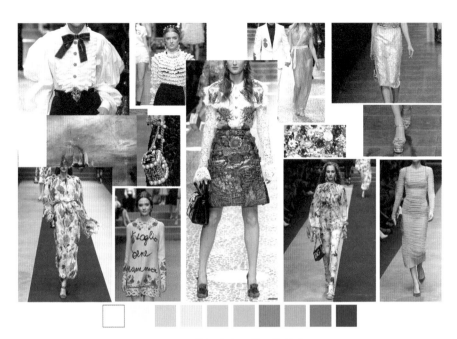

图 3-29　浪漫主义风格服饰的表现

图 3-30　亚历山大·麦昆（Alexander McQueen）2018 春夏系列

（三）都市风格

都市风格是在后现代主义艺术思潮影响下产生的一种服饰审美追求，表现为以感性形象为主要特征的唯美主义追求。都市风格来源于都市文化、都市快节奏生活。其核心理念是简洁，它透露着中心城市的自信，表现出市民追求时尚生活的情趣，富有个性，带有引领现代生活审美潮流的动力意识（图 3-31）。

图 3-31　都市风格服饰的表现

　　都市风格在服饰上力求表现现代感与都市感，线条简洁，摒弃了以往的繁复与奢华风格，打造出优雅端庄的美态，其设计理念是简洁、时尚、个性。都市风格注重庄重、矜持的绅士风度，又有追求艺术个性，甚至我行我素的服饰表现。色彩上以黑、白、灰等中性色调为主，材料平衡顺滑，图案应用较少，或是简单的几何形体，采用直、横、斜等线条，以突出人体的曲线美，极力使服饰与现代都市人生活习惯与审美情趣相关联（图 3-32）。

图 3-32　都市风格的服饰

（四）解构主义风格

解构主义作为一种设计风格的探索，兴起于 20 世纪 80 年代。它的哲学渊源可以追溯到 1967 年，当时一位哲学家德里达基于对语言学中的结构主义的批判，提出了解构主义的理论。解构主义理论的核心是对于结构本身的反对，认为符号本身已能够反映真实，对于单独课题的研究，比对于整体结构的研究更重要。换句话说，解构主义就是打破现有的单元化的秩序，这个秩序并不仅仅指社会秩序，除了包括既有的社会道德秩序、婚姻秩序、伦理道德规范外，还包括个人意识上的秩序，比如创作习惯、接受习惯、思维习惯和人的内心较抽象的文化底蕴积淀形成的无意识的民族性格。总而言之是打破秩序，再创造更为合理的秩序。

服装上的解构主义风格在东方以日本设计师三宅一生和川久保玲为代表。被誉为"面料魔术师"的三宅一生倡导以无结构、无中心的设计模式取代西方传统的紧身型服装结构。1992 年三宅一生推出的褶皱系列，结构简单、造型流畅，被许多不同年龄和气质的女性所喜爱和接纳。这种布满细小而整齐紧密的褶皱的面料，被设计成变化多端的衣裙，既贴体又无束缚感。三宅一生借鉴立体裁剪的方法，运用东方平面构成的观念，在服装设计中运用前开包裹型、挂覆型等包裹缠绕的直裁技巧，在对服装造型手法的运用上一反过去西式服装通过各种精致准确的工艺实现充分合体的造型方式，摆脱了传统的按人体造型结构进行立体裁剪的造型模式，以独到的逆向思维进行创意，掰开揉碎再组合，形成奇特的无结构设计模式，开创了基于东方传统的解构主义风格（图 3-33）。

图 3-33　三宅一生的服装设计作品

体形造就服装，服装改变体形是川久保玲重新为服装视觉空间下的定义。川久保玲打破了时装界的一贯模式，在制作服装时像制作日本和服那样，不把多余的面料剪去，而让其随意地留着，使服装呈现出宽松肥大的效果。在细节处理上，她使用颠倒错乱的口袋，不强调肩线的手法，并且注重层层相叠的多层次结构组织，面料呈现出仿佛被撕开般的怪异感，在一定程度上开拓了服装的新面貌（图3-34）。

图3-34　川久保玲的服装设计作品

（五）朋克风格

朋克文化诞生于20世纪70年代初期美国的经济滞胀时期。这个时期大量工人失业，青少年对现实产生了强烈不满甚至绝望的心情，他们愤怒地抨击社会的各个方面，并通过一种狂放宣泄的行为表达他们的思想。朋克风格代表着一种强烈的破坏、彻底毁灭和彻底重建，有一种敢爱敢恨的个性特征。

"搞怪""另类"是朋克风格服饰的代名词。朋克风格服饰强调个性和廉价，早期的朋克风格以黑色的紧身裤、满带窟窿和画满骷髅美女的棉布紧身衣、松垮的外套、皮衣等为代表。如今的朋克风格少了许多张扬的元素，而不变的是其与生俱来的性感和独特的韵味。维维安·韦斯特伍德是朋克革命的先驱者，她奇特的思维模式通常表现为扭曲的缝线、不对称的剪裁、尚未完工的下摆和不调和的色彩。她坚持性感就是时髦，她的衣服从来都是极力地强调胸部和臀部，低胸配以大领，臀部故意用很多填塞料垫得高高的，把内衣当外衣穿，甚至把文胸穿在外衣外面。她认为女性穿着撕破的衣服看起来十分性感，于是用粗糙的面料、缝边开敞以及故意撕破服装的方式来塑造性感形象（图3-35）。

（六）混搭风格

社会的发展与进步必然影响着人们的衣食住行。服饰款式、材质、风格的多样性使服饰的搭配方式也朝着多样化的趋势发展着。现今一种特殊的着装方式——混搭，在人们日常的着装中普及开来，与开放的社会风气十分契合。

图 3-35 维维安·韦斯特伍德的服装设计作品

　　混搭的英文为"mix and match"，即混合搭配。混搭是一个时尚界专用名词，指将不同风格、不同材质、不同身价的东西，按照个人口味拼凑在一起，从而混合搭配出完全个人化的风格。它是一种不确定的搭配方式，其特点是多变、随性、新潮，可以说混搭是一种时髦，但不等同于毫无章法地胡穿乱配。混搭是多种设计风格、设计元素、设计形态和文化的恰当结合与交融，最终达到在服饰基调、审美上的和谐统一，组成有个性特征的新组合体（图 3-36）。

图 3-36 混搭风格的男装

　　20 世纪中后期，多元混融风貌的服饰理念曾经随着摇滚乐兴起于民间并初见端倪，在激情与颓废中建构起来的嬉皮士和朋克精神将传统的美学秩序彻底颠覆，打破了古典主义一直盛行的优雅、华丽以及具有均衡感的审美规则。如今的时尚前沿从各个方面吸取时尚的元素，服饰混搭文化就在这种文化背景中逐渐形成并发展起来了。不遵循一般的形式美法则，是混搭的基本方式，这些打破常规的组合往往能够制造出与众不同的印象，大胆使用一些一般场合很少使用的元素给普通的造型注入新鲜之感。混搭风格并不是完全没有规律可循的，一般来说有以下三种类型的混搭。

1. 面料混搭

面料混搭是利用面料本身表面物理性质的差异，以突出材质之间的差别。服装的面料质感大致归纳为薄料、厚料、毛绒面料、透明面料等。

面料能将服饰的造型以及风格准确地表现出来，而设计师要充分了解各种面料的性能才能把握好面料的混搭，突出不同面料的质感。质感不同的面料混搭好会有很好的效果。柔软面料与硬挺面料、光滑面料与粗糙感面料、质地疏松面料与质地紧密面料、轻薄面料与厚重面料的混搭，强调了冲撞感，视觉反差强烈。尤其是在一些同色系的服饰搭配时，巧妙利用面料本身的材质肌理对比，显得尤为重要。同色面料由于色彩雷同，容易在视觉上造成混同的感觉，但如果面料上产生质感的落差，一样可以营造出生动的服饰效果（图3-37）。

图3-37 服饰面料混搭

合适的面料混搭能突出面料的不同质感以及功能性，增强视觉冲击力，给人带来耳目一新的感觉，同时令设计师的思维更加开阔。这种非常规的混搭手法创造出了新的服饰风格，丰富了服饰设计的语言，使材料本身具有的美感得到最大限度地发挥。

2. 线条感混搭

线条是服装构成的一个重要的元素。线条在服装中起到的作用是至关重要的，如服装的外轮廓线条，关系到服装整体风格的表现，其宽松、紧窄是服装着装效果有力的表现，有时一个时代的服装风格就可以从其基本廓形体现出来。服装边缘线的高低可能对服装的外貌产生彻底性的颠覆，如超短裙的出现，仅仅是由于裙底边的提高，产生的却是划时代的变革。服装上的分割线以及众多的装饰线条，是服装不可或缺的组成元素，不但有形状的变化，而且还有材质上的变化。因此，我们可以充分利用服装上线条的特性来进行服饰搭配。

体积或线条相差较大的服饰单品搭配在一起，能起到丰富视觉效果的作用，再选择一些具有代表性的风格配饰就可以打造成混搭的效果。如上衣与裤装皆为修身的造型，配合以夸张外扩的裙型，服饰形象的外轮廓线条起伏变化，就能够具有很强的动感；又如一条简单的深蓝色低领连衣裙，以黄色绒线勾边加强线条感，色彩的差别具有一定的色彩冲撞效果，在进行服饰配件的选择时，则避开常规的小皮包，转而选择外形饱满扩张的漆皮大包，让大包的膨胀感与服装的完美线条形成对比，用漆皮元素来增加整体造型的华丽感。

3. 风格混搭

各种风格混搭是最无章法可循的混搭方式，穿着者可以发挥天马行空的创意，将衣柜中任何风格的单品翻出来进行重新排列组合。如端庄挺阔的黑色毛呢西装与柔软的粉色针织结合、黑色硬挺皮衣与红色褶皱裙的搭配、黑色短款外套与极富女人味的白色吊带豹纹长裙搭配（图3-38），完全颠覆了常规的服饰搭配概念。服饰混搭强调的是服饰的个人风格与魅力的表现，在服饰组合时注重"搭配感"，在风格混搭的旗帜下，任何方式的服饰组合都是合理的，一般的服饰搭配基本理念则失去了其说服力。

图3-38 风格混搭的服饰

混搭看似漫不经心，实则是出奇制胜。虽然是多种元素共存，但不代表乱搭一气，混搭是否成功关键是要确定一个基调，以这种风格为主线，其他风格作点缀，有轻有重，有主有次。同时应该注意色彩之间的过渡和呼应，体现一种看似不经意间流露出来的精致。混搭在这个追求个性与时尚的多元化时代，其表现手法空前活跃，展现出各种新观念、新意识等，具有不同于以往任何时期的多样性、灵活性和随意性。

（七）中性化风格

服饰中性穿搭法是穿着者对于性别的界限越来越模糊，对于男装或女装的穿着没有严格的性别要求。用一种时尚的说法来形容，就是中性化风格。中性化风格就是无显著性别特征的、男女皆适用的服饰、发式等，它完全颠覆了传统观念中男性需表现出稳健、庄重、力量的阳刚之美，女性应带有贤淑、温柔、轻灵的阴柔之美。时装风潮大趋势转向中性优雅的女性形象，散发出一种前所未有的女性魅力，极其妩媚的女性化元素结合帅气洒脱的中性设计款式，让女性刚柔并济，展现出非同寻常的迷人气质。

自从"超级女声"李宇春和周笔畅火爆全国以来，中性美又开始成为人们热衷于讨论的话题。如今，一方面是走性感路线的女明星纷纷将中性风格融入她们的穿着打扮中，展示着她们硬朗帅气的一面；另一方面则是"花样美男""都市玉男"大行其道，成为时尚楷模，越发带得整个时尚圈都开始重刮中性风。

"什么样的性别就该有什么样的行为、个性甚至是外观"，这样的"性别意识"，其实只是生活在社会环境中的人们强加给自己的性别定义。近年来，新性别观念打破了生理性别、性别特质与性别角色，鼓励个人遵从自己的个性。而越来越人性化的开放观念，也较符合现代社会的多元需求。早在40年前，美国著名未来学家托夫勒就曾预言过世界发展的十大趋势，其中就包括性别的中性化。40年后的今天，性别边界模糊、性别中性化的确已经成为一种世界范围的文化现象。

中性穿搭法是当今服装设计师关注的重要主题之一。混合了自信、幽默和一种天真无邪的性感，印证了摩登和帅气所散发出的冷静自我，超越性别的界限，在衣柜里为女人、男人找到和平共存的理由和共鸣。例如服饰中的男女同款，越来越多地出现在服装市场。

1. 女装中性化

中性风在女性服饰中的表现主要体现在融入男性服饰中比较硬挺的线条和设计元素，穿着中性风服饰能让女性整体的形象更加阳刚，突显出女性干练稳重的气质（图3-39）。

随着人们的观念不断发生变化，不少男士认为女人穿男人衬衫是最性感的。近些年流行的衬衫裙就是中性风在女性服饰中表现的典型代表。把女性的内衣元素放进去，特别是胸前的设计尤其明显，不过其他的部分就简单得像男性的衬衫，简单又不沉闷。

图 3-39　中性风的女性服饰

2. 男装中性化

　　时至今日，中性美已经不只是女人的专利，也是男人追求美的一种表达。在这方面，"韩流"的作用不小。韩国男演员李准基在电影《王的男人》中，一举一动都尽显女人的妩媚多情。很多男性开始尝试戴上修饰性的耳钉、佩戴风格化的项链，并且还有人会涂上亮亮的唇彩，凸显性感迷人的气质，选择颇有几分女性风格的眼镜边框来为自己增添色彩的男性也大有人在（图 3-40）。

图 3-40　中性风的男性服饰

　　事实上，中性一直是时尚的经典潮流，它从未退出过时尚舞台，每一季都呈现出超越性别的别样魅力。中性可以是优雅的，也可以是性感的，又可以是青春洋溢的。所以，其实可以毫不夸张地说，如果你能自如地把握中性风格，那么你就将拥有不一般的时尚格调。

当前，我国中性化服饰刚刚起步，在未来的发展中具有很大的空间，尤其是随着我国经济水平的提升，人们思想观念的多样化，为中性化服饰的发展提供了更多的消费人群。比如当前我国许多青年男性和女性，其着装逐渐呈现出一种中性化的特点，而且他们对中性化的服饰有着一种独特的情感，他们认为这样的着装展现出的是一种时尚的气息，青春的活力。除此之外，中年人一般生活和工作压力较大，他们希望寻求一种方式来放松自我，而中性化服饰恰恰给予了他们这样的一种释放空间，让他们感觉到衣服带给他们的舒适感，从而扩展了中性化服饰的市场。在发展中性化服饰时，设计师还可以结合中国的服饰设计元素，将这些元素运用到中性化服饰设计中，充分展现出中国中性化服饰的魅力，使其有更加广阔的发展空间，更好地适应市场，同时也可以更好地满足消费者的需求，促进中性化服饰的快速发展。因此，中性化服饰在我国有着良好的发展前景，可以为服装设计师提供更多的创作灵感，丰富服装市场。

（八）童趣化风格

童年是每一个人都拥有过而不能停留的美好回忆。童年的回忆里充满了欢乐、天真、可爱和浪漫，当人们的心灵逐渐孤独，人们便开始不断地追忆童年，寻找儿时的回忆也就成为当下最热门的话题之一。特别是在科技高度发达的现代社会，真实的成人世界充满了压力、物质与疲惫，使人们在内心深处存在着一种难以割舍的儿童情绪。

服饰设计的风格除了受科技水平的影响外，更深受时代的文化理念和审美趋势的影响。成年人更偏好"童趣化"的服饰设计也是对真实世界的严肃和有条不紊的回应与抗争。例如有些18～23岁的青年，他们在生理上已经充分成熟，但却对世事的艰辛充满恐惧，在心理上还存在着对亲人、家庭的依赖，渴望继续得到关爱和呵护，所以在下意识里拒绝长大，他们表现出一种与实际年龄不符的追求浪漫、天真的儿童思维观念，装扮上稚嫩、卡通。也正是这样的行为，形成了新的文化消费理念，并对服饰设计风格造成影响。而在服饰设计中，童趣化设计通过对天真、活泼、可爱的设计元素进行归纳与浓缩，以满足下意识里想要保持童真、欢乐的人们的心理需要，所以童趣化风格服饰正是成年人缓解情绪所需要的设计，这样的设计不仅可以有效地释放心理压力，更能使成年人切身体会到回到童年的欢快、愉悦的心情。

童趣化风格在服饰设计中的表现各有不同，但是它们共同有着清新、浪漫、清纯、可爱的特点和情感的表达（图3-41）。

服饰中童趣元素的表现方式主要有以下四类。

1. 造型轮廓元素的童趣化

童趣化风格的服饰造型多以简化、抽象为主，常通过拟人、仿生、卡通等方式进行设计。这类设计通常采用俏皮的造型形式，以增强服饰的个性与吸引力。

其中，拟人设计通过赋予服饰生动化的特征，使其更具生命力和表现力。仿生设计是童趣化

图 3-41　童趣化风格服饰的表现

风格设计的常用手法，它主要模仿生物的外形结构、色彩、内部结构，有助于帮助设计师从生物中寻找灵感来源和设计元素，赋予服饰更多的文化内涵，从而产生更多丰富多彩的、有趣的设计。卡通造型运用在服饰设计中大多是以服饰的外形轮廓出现，给人以极强的幽默感，以用来表达服饰的童趣化风格和设计师的童趣心思。

2. 色彩与图案的童趣化

色彩在服饰设计中占据重要的位置，而消费者在购买服饰时，也往往首先对服饰的色彩进行选择，色彩不仅可以唤起人们的各种情绪，还可以表达情感，甚至影响着人们正常的生理感受。

在设计童趣化风格服饰时应尽量避免低明度、低纯度的色彩。可以采用高纯度、高明度、富有生命力的色彩，运用对比的手法进行撞色，比如柠檬黄、天蓝、玫红等色彩进行撞色，形成生动、活泼的色彩感觉，也可以以轻柔的浅色调为主进行搭配，比如鹅黄、粉绿、粉蓝等浅色系色调，形成甜美、可爱的色彩倾向，还可以采用清淡的浅色系与深蓝色搭配，形成单纯、朴素的色彩印象。

色彩设计上除了要选择带有象征意义的色彩，还需要考虑色彩的搭配以及色彩与外形设计的搭配关系，注意服饰色彩与服饰风格的统一。在童趣化风格的图案设计上，可采用夸张的卡通图案或者儿童涂鸦为设计元素，使服饰更情感化且更具有生命力。

3. 面料的选择与应用

面料的质感、美感能够给人留下非常深刻的印象，同时也是服饰设计的前提和基础，面料的质地也对服饰的风格产生着很大的影响。童趣化风格的服饰应以甜美、可爱、细腻的材质为主，给人以趣味的视觉感受。同时可以采用印花技术对面料进行二次处理，使服饰风格展现得更加完整。也可以运用细棉布、纱网面料来体现朴素无华的纯真风貌，还可以通过不同质地的面料进行搭配，形成活泼、俏皮的服饰效果。

4. 装饰手法的童趣化

童趣化风格服饰的饰品通常选择活泼、可爱的主题，童话、动画片中的形象常常被用作配饰设计中的经典元素，其中，芭比娃娃、米老鼠造型较为常见。各种卡通元素设计的项链、腰带、头饰，搭配形成风格鲜明的服饰设计作品。但是为了区别童装设计和童趣化风格服饰设计，在表现手法上，必须在幼稚与成熟之间寻找它们的平衡点，使童趣化风格的服饰设计游走在"女人"与"女孩"、"男人"与"男孩"之间。

在设计服饰时，应该以情感化设计的理论为基础来设计童趣化风格服饰。以儿童纯朴、自然的心态观察这个世界，是对现代设计中的理性主义的怀疑与反叛。同时，童趣化风格也在一定程度上对消费者有着指引作用，虽然童趣化风格服饰设计只是感官上的直觉美感，没有过于深度地探究设计学原理，但它却更加注重了对人文的关怀，加强了服饰与穿着者之间的情感交流，更丰富了现代服饰设计的语言。

（九）复古与新潮风格

在中国古代，一件美观且受追捧的服装能够在很长一段时间内流行，其时间长及一个朝代，甚至长达好几个朝代。除了服装款式外，服装或配饰的色彩流行也是如此，主流色彩的更替速度也是非常缓慢的。这是由于当时的社会开放程度较低，信息传播速度较慢，整个社会的生活节奏也处于较慢的环境中。基于这样的大环境以及人们的价值认同，服饰无法以很快的速度更新换代，这就造成了一件服装单品或者一件饰品能够在几十年甚至上百年的时间里经久不衰（图3-42）。

图3-42　复古与新潮风格的服饰

　　随着经济的发展和社会的开放，整个社会的发展节奏也加快了很多。在这个信息爆炸的时代中，服饰流行的周期越来越短，变化越来越丰富，服饰推陈出新的速度越来越快。每一年甚至不同季度的服饰色彩、款式乃至细节都在发生变化。基于这样的大环境，很多人应该经常感觉满衣柜的服饰，却找不到一件合适的。尤其是近几年快时尚品牌如飒拉（ZARA）、Urban Revivo（简称UR）等的盛行，这种更新换代的局面更是变得一发不可收。

　　下面这样的场景应该在很多人的生活中出现过：你在去年夏天买了一条红色的小裙子，在今年的夏天，由于流行色、流行款式或者纹样发生变化，你的小红裙就进入了过时的队伍中，其实这条小红裙还很新，但是你在选择服装搭配时，就不会再次拿起它，哪怕是试一试。随着社会发展节奏的加快，这种感觉在我们的生活中越来越强烈。你不得不感叹时尚圈更替速度是如此之快，快到有时候让你觉得为什么总觉得自己在当季没有合适的衣服可穿着，哪怕你的衣橱已经处于爆满的状态。当你把这件小红裙放在衣橱中，保存较好，在若干年后的某一个夏天，你可能又会重新拾起这条裙子，因为这个夏天的流行色又是红色，流行的服装廓形与你的小红裙相差不大。这其实说明了服饰流行的更替周期越来越快，而且呈现出一种循环的状态，周而复始，也就是我们通常说的一种服饰风格——复古风格。

　　复古风格之所以能够流行，也就是基于这种快速"流行—没落"的时尚产业。流行的周期变短，伴随就是复古风格的盛行。复古风格也绝不是把以前的服饰原封不动地拿来穿，而是一边继承、一边改良，使其满足现代人对服饰的功能性和审美性的需求。复古风格也是人们对过往服饰流行的追忆和缅怀，而过往的服饰流行中沉淀的元素是新的复古风格设计的灵感来源。复古是服饰流行周期中出现的一种特殊的流行现象，它不是对过去的否定，而是对过去的一种新时代、新时期的新表达。

　　世界的发展和社会节奏的加快，使人们的着装心理更加复杂，变化更快，这都使得流行周期变短，使得服饰流行的循环增加，伴随而来的是复古现象的盛行。不管是复古哪个年代，它都需要满足适当的时机、背景和主题三个方面的条件，即需要有时代特质的共性下，复古现象才会出现。

　　服饰是一个多变的领域，随着时代的发展，流行与复古在服饰文化的变革中交替轮回。流行是人们对心理需求的回应，而复古则成为其中一种追求的节奏。时尚总是给人们带来新鲜感，而复古却带给人怀旧感。时尚是对旧流行的否定，而复古又是对被否定的旧时尚的肯定。复古现象不是突然出现的，而是流行循环周期下出现的一种现象。它为以前的东西注入更多时代的特质，以更符合时代中人们的需求。

　　所以这就形成了现今的服装产业越来越重视服饰的设计发展必须紧随当前最新的款式、面料、色彩等流行趋势，因为符合潮流、迎合消费者品位的服饰才可以赢得消费者的青睐，才能获得理想的销量。但是另一方面又需要迎合着人们对旧事物的怀念，在服饰中不断地注入新鲜血液的同时，加入复古元素，形成流行元素与复古元素碰撞与融合的大趋势。

第四章
服饰美与形象设计

服装是一门美化人体的造型艺术，它的造型是由服装的质料、形态、款式和穿着者的形体等诸因素综合构成的，它体现了服装的总轮廓和风格，形成整体的印象和效果。服装设计和形象设计虽然是相通的，但是本质还是有区别的，服装设计侧重的是面、辅料的组合，诠释出服装独特的风格和品味；形象设计则是通过解读服装与人体的风格，将两者结合起来，塑造出不同的人物风格。

服饰与形象是相辅相成的关系。从一方面来说，服饰美可以烘托出一个人的形象气质特征；从另一方面来说，形象的良好塑造也能美化自身所穿着的服饰，也就是我们经常所看到的，同一件服装穿着在不同的人身上，所传达的艺术效果有所不同。人的形象、气质所传达的视觉效果不同，所映射出来的服饰美也不同。

第一节　个人色彩与服饰美学

个人色彩与服饰美学是息息相关的，通常我们会针对自己所穿着的服饰搭配合适的妆容，或者是根据所塑造的面部造型而搭配适合此种妆容的服饰。在日常生活当中，想要更好地了解适合自己的服饰搭配就应该对个人的形象特征进行详细的分析。

一、个人色彩特征分析

根据肤色、发色等基本特征可将人分为四种类型（图 4-1）。

图 4-1　按肤色、发色划分的人的四种类型

（1）黄种人。主要特征体现为肤色偏黄，头发为乌黑或深棕色，瞳孔为黄棕色，脸扁平，鼻子较扁，鼻孔较为宽大。

（2）白种人。主要特征体现为肤色白，瞳孔为碧绿色或灰色，鼻子高而窄，头发多为金色、棕色或红色等。

（3）黑种人。主要特征体现为肤色黑，瞳孔为黑色，嘴唇厚，鼻子宽，头发卷曲。

（4）棕种人。主要特征体现为肤色为棕色或巧克力色，头发为棕黑色且较为卷曲，鼻子较宽，胡须及体毛发达。

艳丽的服饰色彩使黑皮肤的非洲人个性明艳，柔和的服饰色彩使白皮肤的欧洲人浪漫迷人。由此可见，不同肤色的人种在服饰色彩的选择上有着明显的差异。不仅如此，即便是同一肤色人种，在服饰色彩的选择上也存在较大差异。总之，同一件衣服，穿在不同的人身上可能会产生截然不同的效果。如一件正红色的大衣，有些人穿上或显活泼或显时尚或显霸气，然而有些人穿上却显得十分艳俗，甚至有一股乡土气息。或许人们会认为"皮肤白穿什么都好看"，其实并非如此，每个人都有自己的专属色彩以及独立的个性风格，选对服饰色彩能提升人的整体气色，否则容易显得苍老、无精打采。因此，找准自己的专属色，进行科学的色彩诊断，是做好服饰搭配的必修课。

（一）肤色

肤色是判断一件服饰色彩是否合适的重要条件。每个人的肤色都有一个基调，有的衣服颜色与肤色的基调十分合适，有的却使皮肤显得黯淡无光。要找出适合自己的颜色，先要找出自身肤色的基调，肤色不同的人适合不同颜色的服装。人的肤色大致分为图4-2所示的四种。

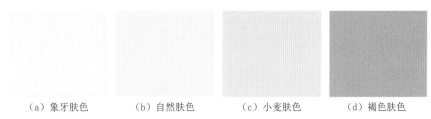

（a）象牙肤色　　　　（b）自然肤色　　　　（c）小麦肤色　　　　（d）褐色肤色

图4-2　肤色的类别

（1）象牙肤色。皮肤透明白嫩、细腻光洁，脸上带有珊瑚粉色的红晕。

（2）自然肤色。皮肤细腻，脸上带有玫瑰色红晕，皮肤为冷米色、健康色，容易被晒黑。

（3）小麦肤色。皮肤均整而有瓷器般的褐色、土褐色、金棕色，脸上很少有红晕。

（4）褐色皮肤。皮肤为清白色或略暗的橄榄色，或为带青色的黄褐色。

（二）眼睛的颜色

人的眼睛颜色大致有如图4-3所示的四种。

（1）浅棕色。瞳孔为棕黄色，眼神明亮，眼白呈松石蓝。

（2）柔棕色。瞳孔为深棕色，眼神柔和，眼白呈米白色。

（3）深棕色。瞳孔为深棕色或焦茶色，眼神沉稳，眼白呈浅松石蓝。

（4）黑色。瞳孔为黑色，眼神锋利，眼白呈冷白色。

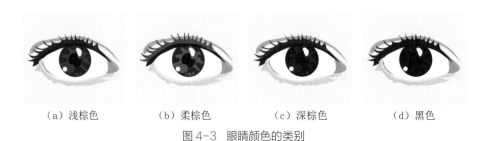

（a）浅棕色　　　　（b）柔棕色　　　　（c）深棕色　　　　（d）黑色

图 4-3　眼睛颜色的类别

（三）发色

人的发色大致有如图 4-4 所示的四种。

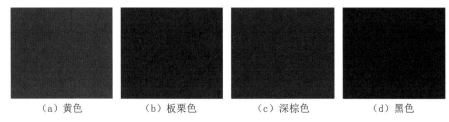

（a）黄色　　　　　（b）板栗色　　　　（c）深棕色　　　　（d）黑色

图 4-4　发色的类别

（1）黄色。发色黄，发质柔软。

（2）板栗色。发色呈棕黑色、板栗色、棕红色，发质柔软。

（3）深棕色。发色偏黑，或深棕黑色，发质比较硬。

（4）黑色。发色黑，质地硬，发丝粗而浓厚。

（四）唇色

人的唇色大致分为如图 4-5 所示的四种。

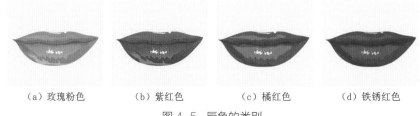

（a）玫瑰粉色　　　　（b）紫红色　　　　（c）橘红色　　　　（d）铁锈红色

图 4-5　唇色的类别

（1）玫瑰粉色。唇色为透亮自然的玫瑰红，人显得优雅温柔。

（2）紫红色。唇色为紫色和红色的叠加色，人显得性感且时尚。

（3）橘红色。唇色为健康的橘色、可爱的粉橘色系，人显得青春、活泼。

（4）铁锈红色。唇色为厚重的红色，明度较暗，人显得成熟稳健。

二、个人四季色彩理论

四季色彩理论是当今国际时尚界十分热门的话题。1974 年由美国的"色彩第一夫人"卡洛尔·杰克逊女士首创，并迅速风靡欧美，后来由佐藤泰子女士引进日本，研制成适合亚洲人的颜色体系。1998年，该体系由著名的色彩顾问于西蔓女士引入中国，并针对中国人的肤色特征进行了相应的改造。四季色彩理论给世界各国女性的着装带来了巨大的影响，同时也引发了各行各业在色彩应用技术方面的巨大进步。玛丽·斯毕兰女士在1983年把原来的四季色彩理论根据色彩的冷暖、明度、纯度等属性扩展为十二色彩季型理论，而刘纪辉女士引进并制定的黄种人十二色彩季型划分与衣着风格标准，成为黄种人色彩季型划分与形象指导的标准。

卡洛尔·杰克逊将色彩按冷暖调子分成两种类型四组色群，由于每一组色群的色彩特征刚好与大自然四季的色彩特征十分接近，因此，就把这四组色群分别以"春""夏""秋""冬"来命名（图4-6）。

（a）春　　　　　　　　　　（b）夏

（c）秋　　　　　　　　　　（d）冬

图4-6　四季的色彩

四季颜色分为冷、暖两大色系，暖色系中又分为春、秋两组色调，冷色系中又分为夏、冬两组色调。这四组色群看似没有太大的区别，红、橙、黄、绿、青、蓝、紫几乎都有，但细看又有所区别，其区别就在于各组的色调不同。

肤色按照冷暖分为冷基调肤色、暖基调肤色、介于冷基调肤色和暖基调肤色之间冷暖倾向不明显的中性肤色。由于每个人的色彩属性不一样，即天生的肤色、发色、瞳孔的颜色、嘴唇的颜色，甚至笑起来脸上的红晕都是不同的，这些不同构成了"春""夏""秋""冬"每个人与生俱来的肤色特征，被称为个人的色彩属性。诊断个人的色彩属性，首要任务就是在"春""夏""秋""冬"四组色彩中，找出与自己的天生人体色彩属性相协调的色彩群组，确定个人的专属色彩群。参照遵循这个色彩规律才能合理应用到日常的化妆用色以及服饰用色中。

（一）春季型人的特征（暖色调）

春季万物复苏，百花绽放，一片生机勃勃的景象映入眼前，春天的色彩如同在大自然的调色盘上加入了生命的气息，一切都在复苏，惺忪中有着倔强的生长，因此春天的色彩往往有着轻快的对比，少有深色。春季型人在色彩特征上也体现出与春天的和谐统一感。其外在表现往往呈现出活泼轻快的特质，与春日生机勃勃的景象相呼应。他们可能拥有清澈明亮的眼眸，皮肤也可能呈现细腻透明的特征。这些特点赋予他们一种青春活力的外表形象，常常展现出年轻、朝气蓬勃的神态。因此，春季型人适宜选择鲜艳明亮的色彩来打造自己的形象，这样的装扮会令他们显得更加精神抖擞，焕发出青春的气息（图4-7）。

春季型人的特点：活泼、明艳。

春季型人的诊断技巧：明亮清澈的眼眸，肌肤细腻。这些特征与春天生机勃勃的景象相呼应，体现出个体的活泼轻快和青春活力。在穿着风格上，春季型人适宜选择杏黄色或黄绿色的上装，这些明亮的色彩与大自然中绽放的桃花、海棠花等相辉映，为其外貌增添了一份清新与活力。因此，春季型人在春季的美学表达中，往往以明快的色彩和细腻的外表特征展现出与大自然和谐统一的美感。

肤色特征：象牙肤色、暖米色，细腻而有透明感。

眼睛特征：像玻璃球一样熠熠生辉，瞳孔为亮茶色、黄玉色，眼白感觉有湖蓝色。

发色特征：明亮如绢的茶色、柔和的棕黄色、栗色，发质柔软。

（二）秋季型人的特征（暖色调）

秋天的色彩代表着丰收和沉甸甸的期望，重色较多，给人以稳重深沉之感。枫叶红与银杏叶黄交相辉映，整个视野都是令人炫目、充满浪漫气息的金色调。秋季型的人有着瓷器般平滑的象牙肤色或略深的褐色皮肤，一双沉稳的眼睛，配上深棕色的头发，给人以成熟、稳重的感觉，是四季色中最成熟、华贵的代表（图4-8）。

图4-7 春季型人的特征

图4-8 秋季型人的特征

秋季型人的特点：自然、高贵、典雅。

秋季型人的诊断技巧：秋季型人应穿着与自身特征相协调的金色系，暖色为主，如此会显得自然、高贵、典雅。

肤色特征：瓷器般的象牙肤色，深橘色、暗驼色或黄橘色。

眼睛特征：深棕色、焦茶色瞳孔，眼白为象牙色或略带绿的白色。

发色特征：褐色、棕色、铜色、巧克力色。

（三）夏季型人的特征（冷色调）

冷色系的夏天会让人联想到湛蓝的湖水、悠悠的青草、繁盛的绿植、草地上点缀着的朵朵小花、甜滋滋的棒冰以及空调房里的暑假。大自然赋予夏天一组最富有清新、淡雅、恬静、安静的感觉的色彩。夏季型人给人以温婉飘逸、柔和亲切的感觉。如同一潭静谧的湖水，会使人在焦躁中慢慢沉静下来，去感受清静的空间（图4-9）。

夏季型人的特点：清爽、柔美、知性。

夏季型人的诊断技巧：夏季型人拥有健康的肤色，水粉色的红晕，浅玫瑰色的嘴唇、柔软的黑发，给人以非常柔和、优雅的整体印象。夏季型人的肤色特征决定了轻柔淡雅的颜色才能衬托出他们温柔、恬静的气质。

肤色特征：粉白、乳白色皮肤，带蓝调的褐色皮肤、小麦色皮肤。

眼睛特征：目光柔和，整体感觉温柔，瞳孔呈焦茶色、深棕色。

发色特征：轻柔的黑色、灰黑色，柔和的棕色或深棕色。

（四）冬季型人的特征（冷色调）

冬天的颜色群代表着真正的寒冷，漫长的黑夜与白净的雪形成鲜明的对比，如同静默的女子，有一种唇红齿白的美丽。冬季型人适合用对比鲜明、饱和纯正的颜色来装扮自己。黑发白肤与眉眼间锐利鲜明的对比，给人以深刻的印象，充满个性，与众不同（图4-10）。

图4-9　夏季型人的特征　　　　　　　　图4-10　冬季型人的特征

冬季型人的特点：惊艳、脱俗、热烈。

冬季型人的诊断技巧：冬季型人有着天生的黑头发，锐利有神的黑眼睛，冷调子，面部几乎看不到红晕的肤色，俗称"冷美人"。雪花飘飞的日子，冬季型人更易装扮出冰清玉洁的美感。

肤色特征：青白色或略暗的橄榄绿、带青色的黄褐色。

眼睛特征：眼睛黑白分明，目光锐利，瞳孔为深黑色或焦茶色。

发色特征：头发乌黑发亮或是黑褐色、银灰色、酒红色。

三、色彩季型与用色规律

（一）春季型人

对于春季型人来说，黑色是最不适合的颜色，过深、过重或过旧的颜色都会与春季型人白色的肌肤、飘逸的黄发出现不和谐感，会使春季型人看上去整体显得黯淡很多。春季型人的特点是明亮、鲜艳，因此，用明亮、鲜艳的颜色装扮自己才是最佳的方法。

1. 春季型人的用色技巧

春季型人的服饰基调属于暖色系中的明亮色调，如同初春的田野，微微泛黄。春季色彩群中最鲜艳亮丽的颜色，如亮黄绿色、杏色、浅水蓝色、浅金色等，都可作为春季型人的主要用色穿着在身上，可突出轻盈灵气与柔美魅力兼具的特点。应用范围最广的颜色是明亮的黄色，选择红色时，要以橙色、橘红为主。在服饰色彩搭配上应遵循鲜明对比的原则来突出自己的俏丽。

2. 春季型人的禁忌色

对春季型人来说，不能选用过旧、暗沉或过重的颜色，黑色要避免靠近脸部。如有深色的服装，可以把春季色群中那些漂亮的颜色靠近脸部下方，再与之搭配穿戴。

3. 春季型人的服饰色彩搭配提示

（1）白色。应选淡黄色调的象牙白。如象牙白的连衣裙搭配橘色的时尚凉鞋或包，鲜明的对比会让春季型人俏丽无比。

（2）灰色。应选择光泽明亮的银灰色和由浅至中度的暖灰色。如浅灰与桃粉、浅水蓝色、奶黄色相配会体现出较佳效果。

（3）蓝色。应选带黄色调的饱和明亮的蓝色。浅淡明快的浅绿松石蓝、浅长春花蓝、浅水蓝适合鲜艳的时装和休闲装；略深一些的蓝色，如饱和度较高的皇家蓝、浅青海军蓝等适合用于职场。穿蓝色时与暖灰、黄色系相配最佳。浅驼色套装可与鲜艳的浅绿松石色、淡黄绿色、清金色、橘红色相互组合搭配。可将驼色作为裤装或鞋子的颜色，上半身可以多用适合春季型人的鲜艳、明亮的色彩。

春季型人的面部造型特点及用色规律如图4-11所示。

（二）秋季型人

秋季型人的服饰基调是暖色系中的沉稳色调。浓郁而华丽的颜色可衬托出秋季型人成熟、高贵的气质，越浑厚的颜色越能衬托秋季型人陶瓷般的皮肤。

1. 秋季型人的用色技巧

秋季型人是四季中最成熟、华贵的代表，最适合的颜色是金色、苔绿色、橙色等深而华丽的颜色。秋季型人选择颜色的要点是色调要温暖、浓郁。选择红色时，一定要选择砖红色及和暗橘红色相近的颜色。秋季型人穿黑色会显得皮肤发黄，可用深棕色来代替。

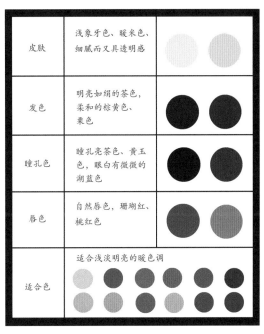

皮肤	浅象牙色、暖米色、细腻而又具透明感	
发色	明亮如绢的茶色、柔和的棕黄色、栗色	
瞳孔色	瞳孔亮茶色、黄玉色，眼白有微微的湖蓝色	
唇色	自然唇色、珊瑚红、桃红色	
适合色	适合浅淡明亮的暖色调	

图 4-11 春季型人的面部造型特点及用色规律

2. 秋季型人的禁忌色

对秋季型人来说，尽量不要选黑色、藏青色、灰色。深砖红色、深棕色、凫色和橄榄绿都可用来替代黑色和藏青色。灰色与秋季型人的肤色排斥感较强，如穿用一定要挑选偏黄或偏咖啡色的灰色，同时注意用适合的颜色过渡调和。

3. 秋季型人的服饰色彩搭配提示

在服饰的色彩搭配上，秋季型人不太适合强烈的对比色，只有在相同色相或相邻色相的浓淡搭配中才能突出服饰的华丽感。

（1）白色。以黄色为底调的牡蛎色为宜，与春夏季色彩群中稍柔和的颜色搭配，会显得自然大方、格调高雅。

（2）蓝色。湖蓝色系或凫色，与秋季色彩群中的金色、棕色、橙色搭配，可以烘托出秋季型人的稳重与华丽。还可以选择沙青色等纯度不强的颜色。

（3）棕色。以保守的棕色为主色调，与深金色、凫色、黄绿色、驼色做不同组合搭配，体现秋季型人的华丽、成熟、稳重。要选择秋季色彩群中较为鲜艳的凫色为主色调，可与色彩群中其他鲜艳色协调搭配。如以棕色作为下半身的裤装和鞋子用色，可把秋季色彩群中典型的橙色、森林绿、珊瑚红作为上半身的毛衣、大衣或外套用色。

图 4-12 为秋季型人的面部造型特点及用色规律。

（三）夏季型人

夏季型人通常给人以文静、偏向于高雅、柔美的感觉，可用蓝基调装扮出温柔雅致的形象。选择颜色时，一定要柔和、淡雅。过深的颜色会破坏夏季型人的柔美，中度的灰适合夏季型人的朦胧感。在色彩搭配上，应避免反差大的色调，适合在同一色相里进行浓淡搭配。

1. 夏季型人的用色技巧

夏季型人选择颜色的要点是要选择柔和、淡雅且不发黄的颜色。夏季型人适合穿深浅不同的各种粉色、蓝色、紫色以及有朦胧感的色

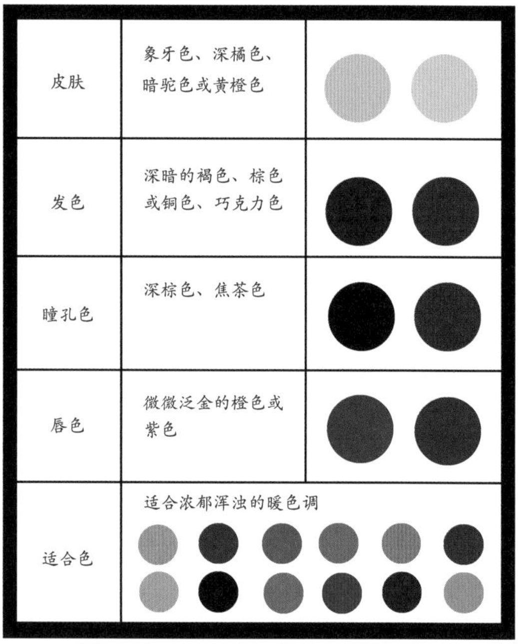

皮肤	象牙色、深橘色、暗驼色或黄橙色	● ●
发色	深暗的褐色、棕色或铜色、巧克力色	● ●
瞳孔色	深棕色、焦茶色	● ●
唇色	微微泛金的橙色或紫色	● ●
适合色	适合浓郁浑浊的暖色调	● ● ● ● ● ● ● ● ● ●

图 4-12 秋季型人的面部造型特点及用色规律

调。以蓝色为底调的轻柔淡雅的颜色，能衬托出穿着者温柔、恬静的个性。选择黄色时，一定要慎重，应选择让人感觉稍微发蓝的浅黄色。而选择红色时，要以玫瑰红为主。

2. 夏季型人的禁忌色

夏季型人应避免使用橙色、黑色、藏蓝色和棕色，过深的颜色都会破坏夏季型人的柔美。

3. 夏季型人的服饰色彩搭配提示

在夏季型人的服饰色彩搭配上，最好避免反差大的色调，适合在同一色相里进行浓淡搭配，或者在蓝灰、蓝绿、蓝紫等相邻色相里进行浓淡搭配。

（1）白色。以乳白色为主，在夏天穿着乳白色衬衫与天蓝色裤裙搭配有一种朦胧的美感。

（2）灰色。灰色显得非常高雅，但是要注意选择浅至中度的灰，不同深浅的灰色与不同深浅的紫色及粉色搭配最佳。

（3）蓝色。蓝色系非常适合夏季型人，颜色的深浅程度应在深紫蓝色与浅绿松石色之间把握。深一些的蓝色可作为大衣、套装用色，浅一些的蓝色可作为衬衫、T恤衫、运动装或首饰用色，但要注意夏季型的人不太适合藏蓝色。职业套装可用一些浅淡的灰蓝色、紫色来代替黑色，既雅致又干练。以蓝灰色为主色调，运用适合夏季型人的浅淡渐进搭配或相邻搭配原则，选用浅淡柔和的颜色作为衬衣、毛衫和连衣裙的用色。

（4）紫色。紫色是夏季型人的常用色，选择鲜艳的紫色作为套装用色，与夏季型人色彩群中其他的颜色进行组合搭配，可以穿出不同的感觉。选择蓝紫色作为裤装和鞋子用色，上半身选择色彩群中的浅紫色、淡蓝色、淡蓝黄色、浅正绿色，既有浓淡搭配，又有相对柔和和素雅的对比效果。

图4-13为夏季型人的面部造型特点及用色规律。

（四）冬季型人

冬季型人可用原色调装扮出冷峻惊艳的形象，色彩基调体现的是"冰"色。冬季型人着装一定要注意色彩的对比，只有对比搭配才能显得惊艳、脱俗。

皮肤	带蓝调的粉白、乳白、水粉色红晕	
发色	轻柔的黑色、柔和的棕色或浅棕色	
瞳孔色	焦茶色、深棕色或玫瑰棕色	
唇色	桃粉色，水润十足	
适合色	适合浅淡浑浊的冷色调	

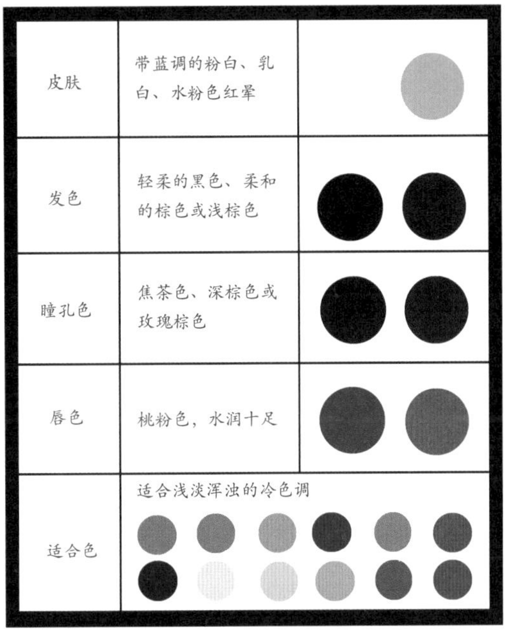

图4-13 夏季型人的面部造型特点及用色规律

1. 冬季型人的用色技巧

冬季型人选择颜色的要点是颜色要鲜明、光泽、纯色。如三原色中的红、黄、蓝，无彩色以及大胆热烈的纯色系都非常适合冬季型人的肤色与整体感觉。

2. 冬季型人的禁忌色

冬季型人的禁忌色通常是缺乏对比度的色彩。由于冬季型人的肤色可能偏向冷色调，如偏蓝或偏粉，因此过于暖和或过于柔和的色彩可能会缺乏对比。这包括过度饱和或过度暗淡的颜色，以及过分柔和的中性色调。相反，冬季型人适合选择具有清晰、明亮、鲜艳、对比度强烈的色彩，这样的色彩可以更好地衬托其肤色的美感，突显其冷艳的气质。因此，在选择服装、妆容或装饰品时，冬季型人应尽量避免使用过于柔和或过于淡化的色彩，而是更倾向于选择深邃而富有光泽感的色彩，以展现出其独特的魅力和气质。

3. 冬季型人的服饰色彩搭配提示

在四种季型中，冬季型人最适合黑、白、灰这三种颜色，也只有在冬季型人身上，这三种常用颜色才能得到最好的演绎，真正发挥出无彩色的鲜明个性。但一定要注意的是，穿深重颜色的衣服时，一定要有对比色出现。

（1）白色。象牙白、纯白色是国际流行舞台上的惯用色，通过巧妙的搭配，会使冬季型人奕奕有神。

（2）灰色。冬季型人适合用深浅不同的灰色，与色彩群中的玫瑰色系搭配，可体现出冬季型人的都市时尚感。如选择基础色中的深灰色作为主色调，可与冬季型色彩群中的白色、亮蓝色、亮绿色、柠檬黄、紫罗兰色相互搭配。

（3）藏蓝色。藏蓝色也是冬季型人的专利色，适合作为套装、毛衣、衬衫、大衣的用色。

图4-14为冬季型人的面部造型特点及用色规律。

当然，还有些人的人体色彩不是很明显，兼有两种不同特点，我们也可以称其为混合型，而春秋混合型中分为偏春型、偏秋型，夏冬混合型中分为偏夏型、偏冬型，重要的是肤色与服饰之间的协调搭配。

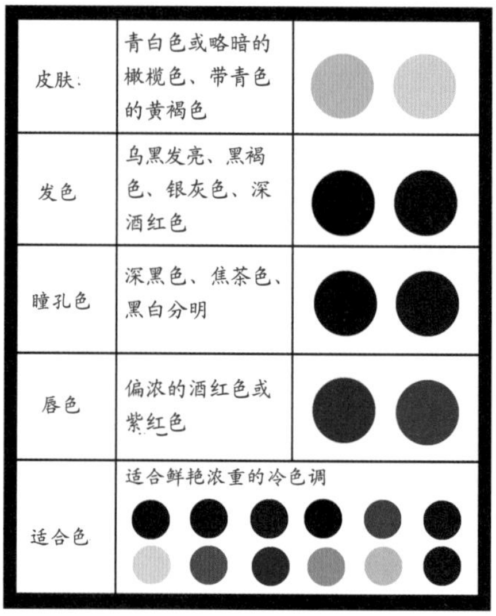

图4-14　冬季型人的面部造型特点及用色规律

皮肤	青白色或略暗的橄榄色、带青色的黄褐色		
发色	乌黑发亮、黑褐色、银灰色、深酒红色		
瞳孔色	深黑色、焦茶色、黑白分明		
唇色	偏浓的酒红色或紫红色		
适合色	适合鲜艳浓重的冷色调		

第二节　人体特征与服饰美学

美化人体是服饰艺术的基本作用之一，服饰是人体的外在包装形式，人体又是服饰穿着效果的载体。因此，对人体美的研究与探索显得非常重要。服装是人的外在美的具体形式，对人体烘托作用。它通过人体去创造美的造型，用造型来美化人体；又通过人体去表现美的造型，通过强调设计大都十分强调人体的肩、胸、腰、腿等部位，充分显示人体的曲线美。人体那刚劲或柔美的线条，均衡和谐的比例，以其独特的内在自然美映衬着外在的服饰美。更重要的是，人体对服装起到支撑作用，才使服装产生出立体的穿着效果。

一、服饰是美化人的艺术

服饰艺术是指人类使用一定的装饰品来对自身进行美化的一种艺术。随着人们生活水平的提高，服饰除了满足人们实用的需要之外，其装饰美化作用越来越受到人们的重视，贯穿在人们的日常生活中，成为一种最为常见的生活艺术。服饰艺术作为一门独立的艺术，既可以传达个人的内在美和外在美，同时也体现了一个地区和民族文化的社会美。

用服饰来美化自身的目的是塑造审美形象，对人体形象起到掩瑕显玉、扬长避短的作用，从而满足人们对于物质生活和精神生活的双重需求。服饰的种类繁多，有衣服、首饰、鞋帽、包等。这些服饰是美化人的基础物件，也是塑造美好形象的重要条件。俗话说得好："人靠衣裳马靠鞍""佛要金装人要衣裳"。这都说明了作为自然属性的人体需要在服饰的包装中，才能体现出人的社会性和文化性。人与动物最大的外在形态的区别就是人的躯干外表需要有衣服的装饰。所以说，在日常生活中，人们越来越关心用什么样的服饰来装饰自己才能达到理想的审美效果。

据有关专家统计，实际上有5%的人无需刻意打扮就拥有天然的靓丽美；有5%的人无论如何打扮，也难以给人美感；而占据90%的大多数人，都并非十全十美，或多或少有一些生理上的遗憾，这部分人可以通过不同的打扮，体现不同的服饰文化修养，让自己变得更美。当穿着者对自己的体型、比例、肤色等不是很满意时，就可以使用服装和装饰品进行修饰进而弥补自身形体存在的不足。因为服装和装饰品本身的物质美，也能展示人体的光辉，经过一番精细的包装之后，人物形象会被塑造得更加精致，富有自信。例如：服装制作工艺精良，面料高档，袖山饱满、圆顺，辑线平直、整齐，针码均实等都能在一定程度上表现出着装的艺术美。除此之外，最重要的一点是服饰可以通过相应的设计，达到更高的艺术效果。

为了塑造出令人满意的形象，人们往往会精心挑选与自己体型相配、美观大方、富有个性的服饰。随着人们审美观念和眼界的提高，人们对服饰本身的要求也越来越高，所以一些富有艺术性和制作精良的服饰越来越受到人们的追捧。服饰是人生舞台的道具，就人体本身而言，具有自然和社会两重性。

（一）服饰与人的自然属性

人的人体、年龄、性别等属于人的自然属性。人体属于人的自然特征。人体的体型与先天性因素有关，也与后天的锻炼有关，人体有高矮胖瘦之分，也有肤色、脸型、腰身、三围比例等之分。人体的各种因素与服饰的各种因素构成和谐的整体，表现出服饰的审美价值。设计师需要因人而异设计出符合人体体型的服饰，消费者根据自己体型条件去选择适合自己的服饰。所以说，不管是设计师还是消费者都离不开人体的自然属性这一重要的参照标准。

除了体型外，年龄也是影响穿着效果的重要因素之一。一般情况下人们会挑选出与自身年龄相符合的服饰来塑造出美好的人物形象。例如，儿童天性活泼可爱，适合穿着色彩鲜艳明亮的服饰；青少年正处于人生的豆蔻华年，朝气蓬勃，适合穿着富有时尚感的新潮时装；中年人一般都比较沉着稳重，适合穿着色彩纯度低的灰色系服饰；老年人的性格老成持重，适合穿着素雅的服饰，更多考虑服饰的实用功能。通常就性别而言，女装的款式丰富、新颖，颜色选择较多，男装讲究质感、落落大方，这些都是服饰美学的基本原理，也是大多数人的思维定式。这些原则虽是服饰美学的基本原理，但是这些原则也是可以逾越的。只要是符合美的穿着方式，都可以成为美的典范，这也体现出服饰美的多样性。

（二）服饰与人的社会属性

人的身份、爱好、职业、性格等因素称为人的社会属性。人的自然属性与社会属性合称为人的本体属性。只有在人的本体属性与服饰的造型、款式、色彩相和谐时，才能真正体现出服饰的艺术美。所谓"量体裁衣"，不仅是指在裁制服饰之前要测量人体的各种数据，还可以把这句话从美学的角度扩展为"根据穿着本体的具体情况来决定服饰的各种要素"。

以职业人士为例，通常"蓝领"人士讲究服饰款式的实用大方；"粉领"人士讲究服饰的端庄雅致；"白领"人士注重服饰的严谨文雅、简洁得体。人的喜好不同，对于服饰的选择自然也会有所区别。虽然说穿衣打扮是自己的事情，与别人没有太大的关系。但是实际上，在穿衣打扮时应该考虑好着装的本体美与穿着的社会美的关系。也就是说在选择着装时应该有自己的个性，形成自己的偏向风格，但是不能过于出格，超越本身的年龄、身份、性别等本体属性。

所谓体型、脸型、三维、肤色是人的自然属性，而人们的职业、地位、身份、爱好与气质等则是在社会中打下的烙印，人们会通过服饰去渲染和美化这些社会属性。新潮的一族能够吸引更多眼光，穿着大方也会赢得人们的敬重。服饰是一种文化生活，裸体艺术被认为是艺术中的极品，但除了在绘画、雕塑等艺术创作中出现，在生活中的人体美却都要通过服饰的遮掩来表现。人类创造了服饰文化，文化活动也离不开服饰，服饰更为各种艺术形式增光添彩。例如在电影、电视、音乐表演、舞蹈、杂技、戏剧、曲艺等文化活动中，演员们得体的着装，既能增加艺术的感染力，又能提高观众的欣赏趣味。

知识拓展

法国作家莫泊桑的著名小说《项链》中，不幸的马蒂尔德为了对美的追求付出了高昂的代价，似乎一条装饰性的项链，就使她有资格参加上流社会的舞会，使人对美的期盼超越了极限。除了对档次的追求，艺术美的追求也是表现服饰社会属性的一个方面。这是激起原创服装品牌得以不断发展的重要原因之一。人们为了追求富有艺术感的服饰，想用富有艺术品位的服饰去美化自己，也正是有了这样一种需求，独立设计师才得以生存和发展。正是基于这种相互促进的关系，消费者不满足于用平庸的服饰去装扮自己，设计师为了满足消费者的这种需求，进而设计出更多富有创造性、艺术性的服饰，使得服饰越来越成为美化人的艺术。

（三）人体艺术

美化人体是服饰艺术的基本作用之一。服饰是人体的外在包装形式，人体又是服饰穿着效果的载体。因此，对人体美的研究与探索显得非常重要。

1. 人体是最美的

人体美是以人体作为审美对象所具有的美。在艺术圈里，艺术家们总是会用不同的方式去赞美人体，从而留下许多优秀的展现人体美的艺术作品。例如我们身边所熟悉的人体绘画、人体摄影、现代舞蹈、服装表演中的泳装表演等，都是以展现人体美为主。除此之外，我们通常的着装打扮也是以展现人体美为基础的，在服饰的遮掩中，透露出人体美的光芒（图4-15）。

人类对于人体美的追求与表现，大约可以追溯到5万年前的原始先民的图腾崇拜中。在历史作品中，我们可以看到很多表现人体美的艺术作品。首先是在汉代画像砖中，那时的先民们就有着十分大胆的人体美的表现。到了唐代，由于国势繁荣，加之又受印度宗教的影响，在敦煌、西安、洛阳一带留下了大量的人体艺术作品，在服饰文化方面，也形成了以表现丰满的人体美的服饰设计风格，所以我们都知道唐朝时期的女性宣扬以胖为美。除此之外，在元代，杭州的飞来峰上也出现了优美的少女裸体雕塑作品。虽然在封建社会中，人们由于思想观念和制度的束缚，会对人体美抱有排斥的态度，认为人体美会让人想入非非，产生邪恶的念头，但是在封建时期的社会中也不乏有为了展现人体美而创作出来的作品，这说明人们对于人体美持有一种既崇拜又排斥的矛盾心理。

图 4-15　人体美的展现

法国艺术大师雷诺阿曾说过："只要你对自己的作品有信心，对方必然从内心里对你的作品肃然起敬。"这是对艺术家的忠告。同是人体艺术作品，也有色情淫欲和神圣高尚的天壤之别。人体美具有一定的主观性，是美还是丑，也取决于欣赏者的审美趣味和欣赏水平。

在服饰设计中，表现人体美也是一个设计原则，如紧身衣凸显女性优美的身体曲线、蕾丝纱质面料中人体的若隐若现、华贵晚礼服的袒露前胸和后背的结构设计等，都是为了尽可能地展现出女性的形体之美。图 4-16 所示为表现人体美的晚礼服。

图 4-16　表现人体美的晚礼服

2. 人体美的形式与内容

人体美包含两个方面的含义。第一，就人的外在形体、体态、姿态、容貌、长相等而言，人体美是由艺术的形式美法则所决定的，它要求人体各部分比例关系和谐，五官对称适中，按审美规律延伸而富有变化的线条等。选拔服装模特时，对身高、三围、体重及相貌的要求就是如此。第二，就人体美的本质而言，美的人体给人的感觉就是充满了蓬勃向上的生命活力，能通过人的表情及形态，传达出丰富多样、高尚纯真的思想境界。我们可以理解为这是人体美的形式与内容的和谐统一。人体美的形态可分为静态美和动态美两种。静态美是人体在一定时间内相对静止的姿态美，如站姿与坐姿、时装表演中的造型与亮相等所表现出的美。动态美是人体在各种活动中交替变换不同姿态时所表现出来的美，如舞蹈表演和行进中的模特表演等。

人体美的形式和内容在不同的时期、不同的国家、不同的民族以及不同的阶级中也是不同的。如在中国春秋时期的楚国，女性以细腰为美，而到了唐代，女性流行以丰满为美。在西方社会，古代的女子以胖为美，而现代的女性以瘦长体型为美。在16世纪西方宫廷中的女子为了打造苗条的视觉美感，使用各种金属、皮革材质的腰箍塑造细腰，对女性的身体迫害极其严重。

在国际时尚界的舞台中，服装设计大师们对人体美所强调的部分也是随着流行趋势的改变而不断变化着。例如在20世纪80年代的女性以表现美腿为要点，而到了90年代，则以突出胸部和肩部的美为主。1995年，麦昆设计的"包屁者"（bumster pant）超低腰牛仔裤引发了低腰裤的流行，这一时期以突显臀部线条为美。而到了近几年，又开始以突显腰部和长腿为美。总而言之，人体各个部分的美也存在着一个流行的问题，从而影响着服饰款式上的变化与流行。

3. 人体比例与服饰比例

在人体、服装、装饰品以及在它们之间的关系上，比例无所不在，也无时不在。比例是服饰设计、服饰穿着和服饰鉴赏中不可或缺的重要因素。东方人的正常比例为七头比左右，即人的身高大约是七个头长的比例。但是我们在进行服装绘画时，会刻意地把着装的人体处理成八头比，甚至九头比以上的比例。这种处理方式一是为了方便设计构思，二是为了增加画面的艺术效果，便于在人体动态上做加减处理。欧洲女性的体形普遍接近八头身，而在中国一般只有少数人，如服装模特的体形才接近八头身。这就说明不同地区、国家、民族的人在身体比例上也有着很大的区别。同时不同性别的人，比例也有所不同。通常情况下，女性的腰节比较短，所以以女性腰部的线条比较明显，能够在最短的时间内找到腰部的位置，而男性的腰的长度比女性长，且线条不明显，这就是同样身高的男性与女性在视觉上会给人女性要比男性高的错觉的原因。

所以我们平时在挑选服饰时，一定要结合自己的形体比例进行挑选，做到扬长避短。注重以下三个方面，能有助于塑造更加完美的形象。

首先，服装的比例要配合人体的比例。"金无足赤，人无完人"，其实绝大多数人的体型都是不完美的，虽然说是量体裁衣，但这并不意味着需要通过服装的比例去再现真实的人体比例。例如，对于腰节和臀围较低的女性，制作收腰衣裙时，其腰节线就应该相对实际的人体腰节位置进行适当地提高，以补正上下身的比例；同样，高跟鞋也有补正上下身比例的作用。

其二，服装本身的造型也有比例是否得当的问题。例如，衣服长度与围度之间的比例，也就是长短与胖瘦的比例，会体现出各种不同的造型艺术风格。领面的宽窄比例、贴袋的长宽比例、腰节线的高低比例、分割线的位置比例等，都事关一件服装的造型是否协调美观。套装的上长下短或上短下长或长度对等，都是常见的穿着比例，它们也会表现出不同的穿着效果。还有波浪裙下摆的大小、领口开挖的深浅、西装驳头的宽窄等。

其三，装饰品与人体及服装都存在比例的问题。例如，耳坠和项链的大小，伞、帽、包的大小及服装图案的大小，都应与人体和衣服形成良好的比例关系。

二、不同体型的女性着装方式

展现服饰的美感也是以人体作为基础的。服装的款式结构设计必须符合人体体型，也就是由骨骼和肌肉组成的人体自然生理结构。一般来讲，每个人的体型或多或少都存在着不完美，要么是在标准体型的基础上腰粗一些，要么就是肩宽一些等情况，很难达到十全十美。所以说人的体型多种多样，如何巧妙地做到扬长避短，烘托出人体的自然美，是穿着者进行着装的一大重要任务。

那么想要完成这一项任务，就必须充分了解自己身体的各个部位，了解自身体型的优势与劣势，充分发挥服装造型、款式等特点，通过相应的穿衣技巧有效地避开自己的缺点，掩盖形体的不足。

从体型的体量感上来划分，可以将女性的体型分为标准型、矮瘦型、矮胖型、高瘦型和高胖型，如图4-17和图4-18所示。

图4-17　从胖到瘦的女性体型

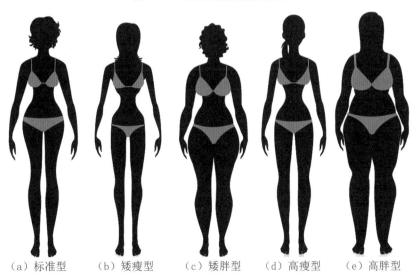

（a）标准型　　　（b）矮瘦型　　　（c）矮胖型　　　（d）高瘦型　　　（e）高胖型

图4-18　女性的不同体型

（一）不同体型女性的穿衣方式

1.标准体型（完美体型）

标准体型也被称为完美体型，标准体型女性的身高一般为 168cm，从颈部、肩部、躯干、胸部到腰部、大腿、臀部和小腿等，都有完美的比例。这种体型的女性对服装线条、款式、花型、色块的要求不是很高，因为该体型的人适应性比较广，穿着多种类型的服装都能达到很好的效果。虽说拥有较为完美的体型是一件很令人欣慰的事情，但是在平常的穿衣打扮中也要符合美学的基本原理，注意服装本身的色彩搭配和款式之间的搭配，做到风格上的协调统一。

2.矮瘦体型（娇小玲珑体型）

矮瘦体型的女性通常会给人娇小玲珑的感觉，身高一般在 160cm 以下。由于受到身高的限制，服装可选择的范围相对于高挑或健壮的人来说要小一些。这种体型的女性如果想利用很高的高跟鞋来达到瘦高的效果，就会显得十分滑稽可笑，不但没有起到变美的作用，而且不利于身体健康。矮瘦体型的女性应该避免选择深色的服装，色彩以浅色或小型花纹为主，另外应选择直线线条的服装，面料质地应柔软舒适。例如直筒长裤、富有垂直线条的褶裙、合身的夹克，都会使娇小的体型显得轻松自然，同时在色彩的搭配上应尽可能地选择同色系且素色的服装，避免上下身的色彩对比过于明显。

3.矮胖体型（矮小而丰满的体型）

矮胖体型的女性在挑选服装时应考虑如何利用服装来遮盖身形上的不足。矮胖体型的女性比较适合质地柔软且富有垂感的深色系服装、腰身处合适并有纵向线条的服装以及同色系的套装、连衣裙等，要避免穿着横向条纹的服装。同时，该体型的人也不宜穿质地粗厚、色彩过于浓厚、紧身或者线条不流畅，以及上下相等的分色服装，这些类型的服装会造成视觉上的矮胖感。当然，如果穿着上衣带有花色，下装是深色的服装，也能分散人体的面积，减少肥胖感。

总之，矮胖体型的人群，在穿衣时应该尽可能地表现清爽而富有活力的一面。在上半身或下半身的某个部位，如果裁剪得比较贴身，其他部位就可以稍微宽松些，因为这种搭配能让人的身材显得更加平衡。由于该体型的身材在现实生活中对服装的选择面较窄，所以在穿衣搭配时应该在考虑身形的基础上形成自己独特的风格，避免乱穿衣暴露自己的缺点。

4.高瘦体型（高而瘦削的体型）

高瘦体型是很多人都想拥有的身材，被称为"衣服架子"，适合多种款式服装的穿着。高瘦体型的女性在服装选择上适合上下装分色，也可考虑用深色和水平线来增加自身的重量感。不宜穿直线条纹的服装，避免拉长身形，显得过高。例如选择适合正式场合穿着的服装时，就不宜选用细条纹的图案，因为细条纹会让人看起来更瘦长。此外，若上装与裤子的颜色对比鲜明，会比穿着整套西装的效果好。最近几年流行的大廓形服装就非常适合高瘦体型的人穿着，既能撑起服装的框架，又能在一定程度上增加身材的宽度，让人看起来更加饱满而有力量感。

总而言之，高瘦体型的女性在选择服装时应该注意追求自己的个性，保持"新鲜感"。在选择配饰方面也可以选择一些大的手提包、肩挎包、宽檐帽等，这些体积较大的饰品能让高瘦型女性看起来更加落落大方。

5. 高胖体型（高而粗壮的体型）

高胖体型的人通常会给人比较粗壮的感觉，腰部线条一般都较为粗大。因此，高胖体型的女性在选择服装时应该把掩饰的重点放在腰部，减少上半身体积的膨胀感。可以选择一些显苗条、秀气、带有公主线的服装，但不能穿得过于紧身，还可以选择一些短裙、两件式的套装来分散人们对于体型的注意力。面料的选择上不宜选择暴露体型的材质，色彩上避免选择颜色比较张扬的服装。在配饰方面，也可选择体积较大的饰品进行合适的搭配。

（二）服装搭配与身材的关系

从体型的形状特点来分，除了标准体型外，人的体型还可以分为沙漏形（X型）、倒三角形（T型）、矩形（H型）、苹果形（O型）、梨形（A型）以及I型等。

1. 沙漏形（X型）

（1）体型特点。沙漏形体型的特点是胸部、臀部丰满圆滑，腰部纤细，曲线玲珑，十分性感。

（2）穿衣要点。这种体型的人适合穿着低领、紧腰身的窄裙或八字裙，突出完美的S曲线。材质以柔软贴身为佳，能够强化曲线优点，体现柔美感。沙漏形体型的人如果穿宽大蓬松的洋装，会减损许多魅力。总的来说这种体型比较匀称，着装范围广。对于沙漏形体型的女性，应适当缩小丰满的胸部和臀部以及纤腰三个部分之间的差异，塑造充满魅力的女性美。可在腰部搭配宽腰带，突显纤细的腰部，使人显得神采奕奕（图4-19）。

2. 倒三角形（T型）

（1）体型特点。倒三角形体型的特点为上躯干较厚、臂粗、颈背处肉较多，投影显示为倒三角形。

（2）穿衣要点。对于倒三角形体型的人来说，如果选择有设计亮点或者原料具有量感的上衣，人会显得比较沉闷。因此，上衣适合选择宽松、自然下垂的简单设计。为了最大限度地表现上衣的膨胀感，同时把视线转移到中下半身，应该选择喇叭形裤子或带褶裥的裙子，也可以选择把衣袋等服装细节部分作为设计要点的宽松裤子。

该体型的人在穿着时应该注意多选择插肩式样的服装，下身选用宽松大摆的裙装，使整个体型在视觉上得以平衡。上身着装应避免水平线，而强调垂直线条的视觉效果，以便取得整体的均衡。一字领、交叉肩的服装能够缓和耸起的肩线，纵向的条纹能显示它的长度。此外，穿着领口开阔的上衣是这种体型制胜的关键。领口较低的上衣，和脖子的线条连成一线，视觉上会给人肩膀变宽的感觉。尤其是大 V 型领口，借着 V 领的视线延伸，视觉上产生收缩的效果。此外，削肩背心、外翻领等款式的上衣也适合这一体型的人穿着。宽肩的女性可以利用垂坠项链或长领巾在颈间制造 V 字形，让身材看起来更加匀称（图 4-20）。

（a）建议搭配　　　（b）不建议搭配　　　　　（a）建议搭配　　　（b）不建议搭配

图 4-19　女性沙漏形（X型）体型穿衣建议　　　图 4-20　女性倒三角形（T型）体型穿衣建议

3. 矩形（H型）

（1）体型特点。矩形体型的人肩部、腰部、臀部和大腿部位的宽度大致相同。这类人的体重通常不在标准范围内，虽然上下身比较匀称，但是缺乏曲线美。

（2）穿衣要点。矩形体型的人适合塑造成带有宽松感的形象，并很自然地表现出腰部和腹部。将上衣像女套衫那样露在外面，能够带来不错的视觉效果。还可穿着几何形曲线式样或带有纽扣、滚边等细部装饰的服装，吸引人们把视线往中间部位集中。

这种体型的人穿着带有花朵或几何图案的服装，能让身材立刻丰盈起来，拥有前凸后翘的完美效果。穿衣时特别要强调腰线，适合有腰褶的裙子和裤子，如果能搭配带有垫肩和饱满袖子的上衣，效果会更加完美。搭配服装的时候，应该注意服装的层次感与节奏感，可多层次穿衣，用颜色对比或线条对比拉宽身形。与此同时，也可以用项链、耳环、围巾等饰品，将他人的视线集中在上半身，这样可以起到很好的修饰效果（图 4-21）。

4. 苹果形（O型）

（1）体型特点。通常苹果形体型的人身体脂肪较多，背部和臀部较大、较圆，胸围、腰围、臀围、腿围等较大，身体的大部分部位因为肥胖而呈圆形，尤其是腰腹部的赘肉通常很多。

（2）穿衣要点。该体型的人可以利用直线和棱角表现轮廓，弥补因肥胖带来的笨重感。选择服装时建议不要选择过薄或过厚的材质。若穿着分身式服装时，尽量不要穿着上下装色彩对比强烈的衣服，也尽量避免腰部系腰带，如果腰部需要系腰带也尽量选择款式简单的腰带，将视线转移到身体其他部位。

此外，苹果形身材的人穿着鲜艳的颜色，在视觉效果上更容易引起别人的注意。可以用这个方法突出身材的优点，用黑色来低调地遮掩缺陷部位（图 4-22）。

（a）建议搭配　　　　（b）不建议搭配　　　　　（a）建议搭配　　　　（b）不建议搭配
图 4-21　女性矩形（H 型）体型穿衣建议　　　图 4-22　女性苹果形（O 型）体型穿衣建议

5. 梨形（A型）

（1）体型特点。梨形体型的人上身肩部较窄或溜肩、胸部瘦小、腹部或臀部或腿部肥大，投影显示形状就像一个梨子。

（2）穿衣要点。梨形体型的人在着装上要着重强调肩部的宽度，选择弱化下身的着装。适合穿着收腰的宽松上衣，长度以遮住臀部为宜，同时，纯粹的宽松上衣可以增加上身的体积，平衡下身的肥胖，但会显得臃肿，所以增加腰部收拢的设计可以避免这一点，显示出腰部的线条。就下半身而言，阔腿裤可以产生遮掩的效果，遮盖不够纤细的腿部，也可以用"露"的方式，将整条腿展示出来。应避免紧身衣裤、宽皮带、褶裙或抽细褶的裙子。同时，梨形体型的人也可以选择细高跟鞋来拉长下半身比例（图 4-23）。

6. I型体型

（1）体型特点。I 型体型的人全身没有过多的脂肪，其特点是较窄的肩部和臀部，平胸、细腰，手臂、小腿较细，体型从上到下呈 I 形。

（2）穿衣要点。此类体型适合穿可淡化消瘦感的量感服装。暖色比冷色更加适合 I 型体型的人。利用服装细节（领子、口袋等）或围巾等饰品，可以把人们的目光转移到上半身。针织品不仅保暖，其原料本身带有量感，可以让身材更加柔美。与此同时，带有垫肩设计、稍微细长的针织品配上双排钮夹克，感觉更好。最好不要选择过薄或贴身的服装。服装整体搭配的形态过于夸张或者极不对称都会带来负面效果（图4-24）。

（a）建议搭配　　　　（b）不建议搭配　　　　（a）建议搭配　　　　（b）不建议搭配

图4-23　女性梨形（A型）体型穿衣建议　　　　图4-24　女性I型体型穿衣建议

三、不同体型的男性着装方式

（一）男性体型的分类与着装

无论是古今中外，都认为理想的男性体型应该表现出雄劲、强壮、有力、高大、伟岸之美。在现实生活中，男性体型受到遗传、饮食、生活习惯的影响。常见的体型有标准体型、倒三角形、三角形、矩形、I型、O型六种（图4-25）。现代男士穿衣也同样要根据自己的体型来选择服饰。

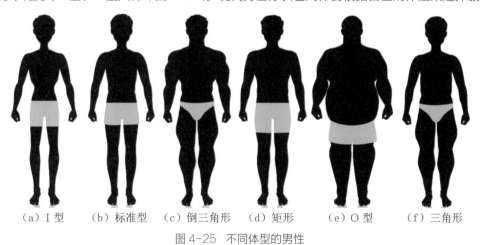

（a）I型　　　（b）标准型　　　（c）倒三角形　　　（d）矩形　　　（e）O型　　　（f）三角形

图4-25　不同体型的男性

1. 标准体型

（1）体型特点。该体型是理想体型，这种体型的男性肩部较宽、胸部肌肉结实、四肢纤细且充满肌肉和力量感，臀部曲线清晰，胸围和腰围一般相差18cm左右。该种体型给人一种健康美。

（2）穿衣要点。这种体型的男性体态比较匀称，对服装的选择面比较大。在选择服装的时候，要注意整体的搭配，切勿乱搭。在基本款式的基础上，可有选择地尝试改变，搭配一些比较有特点的服装，且多注意服装细节部位对整体服装的影响（图4-26）。

2. 倒三角形体型

（1）体型特点。该体型的男性肩部最宽，胸部肌肉发达，腰部较细，臀部窄小，整体体型呈上宽下窄的轮廓。通常这种体型的男性胸围和腰围相差18cm以上。这种体型的男士充满魅力和健康美，可以通过锻炼来塑形。

（2）穿衣要点。这种体型的男性体态比较阳刚，相对而言，对服装款式的选择余地较大。但是由于此种体型的男性肩部最宽，在穿衣时要避免肩部造型过于夸张的款式，否则会造成整体穿着失衡，影响美观（图4-27）。

图4-26　男性标准体型穿衣建议　　　　　图4-27　男性倒三角形体型穿衣建议

3. 三角形体型

（1）体型特点。该体型的男性肩部较窄且自然下垂，臀部、腹部突出并堆积较多脂肪，有时候胸围和腰围差不多。整体体型线条上窄下宽，给人一种敦厚老实的印象。

（2）穿衣要点。该体型的男性在服饰搭配上，上身可用条纹来增加重量感，运用浅色调增加膨胀感，下身运用深色和纵向线条收缩身形。还可以通过加厚垫肩的方式来加宽肩部的宽度，以达到平衡整体造型的效果（图4-28）。

4. 矩形体型

（1）体型特点。该体型的男性肩部不是特别宽，胸部和臀部成直线，整体体型呈现一种矩形的线条感。一般胸围和腰围相差 15cm 左右。该体型给人一种智慧和现代感。

（2）穿衣要点。该体型的男性，只要不是过于瘦小，很容易塑造出各式各样的形象。着装时可以利用腰部变化加强视觉的丰富性。但是如果整体体型偏瘦，再加上搭配不佳，也会给人带来整体扁平的视觉效果，缺乏男性的阳刚之气，不能给人安全感（图 4-29）。

图 4-28　男性三角形体型穿衣建议　　　　　图 4-29　男性矩形体型穿衣建议

5. I 型体型

（1）体型特点。该体型的男性身材比较消瘦，肩部单薄并且背部略微弯曲，四肢纤细，很少有脂肪堆积，肌肉平实。整体身形线条清晰，看上去让人缺乏安全感。

（2）穿衣要点。有量感的服装款式能较好地修饰此类体型，穿着浅灰色、棕色等中间色比深色效果好，不宜选择材质过薄的服装。穿着人字、小方格等纹样的粗花呢服装会具有一定的空间感（图 4-30）。

6. O 型体型

（1）体型特点。该体型的男性身材较圆，肩部自然下垂，颈部较短。腰围和臀围几乎相等，过于肥胖时，其腰围可能比臀部更大。整体体型形成一种圆形曲线轮廓。

（2）穿衣要点。O 型体型的男性给人一种笨重的印象，可以选择直线轮廓的服装，因此面料不宜过于柔软或轻薄。穿着套装时宜选择 V 形领且肩部硬挺的上衣，以便塑造爽朗的形象。如果在打领带时加入凹槽，将显得人充满活力。此外，深蓝色或黑色等深色的细纹正装也很适合 O 型体型。穿着上下颜色相近的服装可以凸显休闲风格。对于矮小的 O 型体型的人来说，下装颜色比上衣颜色深一些会使人看上去显得更高大（图 4-31）。

图 4-30　男性 I 型体型穿衣建议　　　　图 4-31　男性 O 型体型穿衣建议

（二）男性穿衣技巧

男性的服装样式一般以 T 恤、衬衫、西装、牛仔装等系列为主。然而，随着审美意识的增长，现代男性也会在服装品类选择范围相对较窄的情况下，通过自己的设计与搭配，穿出自己的个人气质，从而展现自身的风采与魅力。

职场男性的整体形象设计主要侧重于上装的搭配与设计，具体地说就是领带、衬衫与外套三者之间的色彩协调搭配，由外向内颜色渐浅的组合显示男性的精明干练，由外向内色泽加深则是比较普通的搭配，显示出男性的庄重平和。相较而言，男性更注重服装的质感、剪裁和手工。在款式上，男性倾向于选择简单大方、尺寸合身的服装；在色彩上上班族男性多穿深色如灰色、蓝色、咖啡色等颜色的服装。灰色比较中庸、平和，显得庄重、得体而气度不凡，蓝色显示出男性的高雅、理性、稳重感，而咖啡色是一种自然而朴素的色彩，显得亲切而别具一格。

深谙着装之道的男性非常讲究领带、手表以及鞋等配饰对整体形象的修饰效果。领带除了颜色必须与自己的上装协调外，还要求质地上乘、做工考究。而鞋子的选择除了注重款式外，还倾向于选择材质好、做工精良、简洁大方的黑色或棕色为主的鞋子，且会保持鞋的光洁度。

四、男女体型的修饰

人的体型千差万别，服装的款式也多种多样，选择服饰的关键就在于扬长避短，利用服装的款式、色彩及配饰，改善体型的不足，整体上呈现匀称感、和谐感，以达到最佳的着装状态。

（一）特殊体型的修饰

（1）驼背的人后衣片要长一些，挺胸有肚腩的人前衣片要长一些。

（2）对腰长体型的人，尽可能减少腰部的长度，增加腿部的长度，可采用腰部打褶的裙或裤。

（3）对平胸体型的人，可采用门襟处有装饰的波浪花边，使胸部增加丰满感。

（4）对腰腹部肥胖型的人，应选择直线的设计，宜穿上衣外套隐藏腹部，或穿 A 字裙，腰带不宜过紧。避免穿强调腰部的紧身裙、滑雪裤。宜穿套装大衣、长大衣、腰部线条不明显的连体装，腰带的颜色与上装或下装的衣服颜色一致，避免穿着短上衣，避免使用粗腰带及太粗的腰扣。

（5）对 O 型腿、X 型腿的人，尽可能避免穿紧身裤，可采用直身裤或长裙。

（二）根据体型注意"取长补短"

正确的服饰穿搭能够在一定程度上彰显人体美并塑造出更完美的人体比例，使人在视觉形象中显得更高更瘦。具体可以从以下几个方面来进行。

（1）上衣的选择应以浅色为宜。浅色调的上衣能够提亮人面部的色调，使视觉中心集中在上半身，能够显得人体较为轻盈，整体看上去更加瘦高（图 4-32）。

（2）选择 A 字型或直身版型的上衣，在袖型处理上应尽量贴合人体，不宜过于肥大（图 4-33）。此外，质地柔软的斜领露肩服装也能够在视觉上起到增高的效果。

图 4-32　深浅颜色对比的上下装举例　　　　图 4-33　增高效果的服装举例

（3）使用同色调的服装来进行搭配。同色调不同质感的服装，可以搭配得很出色，使整体更为协调。需要注意的是，在选择同色不同质的服装进行搭配时，上衣的面料应比下装的面料更为轻薄，从而避免头重脚轻的视觉效果。

（4）选择条纹图案的服装时，应尽量选择竖条纹的服装，竖条纹的服装能够收缩人体的线条。细条纹要比宽条纹更显瘦，同样，小格纹图案的服装要比大格纹服装的显瘦效果好。

（5）可佩戴适量的耳饰和颈饰。一对漂亮的长条形耳环能够拉长人的脸型，一条长度适宜的项链能够拉长人的颈部线条。

（6）应尽量避免穿面料硬挺的裙子。面料硬挺的裙子容易使人看起来臃肿。

（7）在搭配时注意不要夸张腿部，应尽可能贴合腿部线条。此外，袜子和裙子的色彩对比不要太大。

（8）鞋子的高度要适合。平底鞋会在视觉上显得腿部较短，而合适的高跟鞋能够显得亭亭玉立、更显气质。需要注意的是高跟鞋的高度不宜过高，如果鞋跟高度超过 10cm，就会破坏身体的平衡，反而不美。

第三节　气质与服饰美学

气质，于无形之中展现，与相貌、年龄没有必然联系，它是一个人自带的气场和光环，内在的气质并非一朝一夕可以拥有，外在的气质却可以通过衣着修饰。即使先天条件不够好，仍可以通过穿衣装扮进行雕琢。

气质是每个人自身散发出来的一种整体格调，是区别于其他人的个性标志。不同的服装款式以及不同的搭配方式，都会直接影响一个人的气质。例如一件简单的 T 恤会给人以简单清新的感觉，优美的旗袍会衬托出女性优雅而动人的气质。

一、女性的气质与形态美

在中国古代的诗词歌赋中，有不少歌颂女性整体的气质与形态美的诗句。例如，《诗经·王风·硕人》中的"手如柔荑，肤如凝脂，领如蝤蛴，齿如瓠犀，螓首蛾眉，巧笑倩兮，美目盼兮。"宋玉《登徒子好色赋》中的"眉如翠羽，肌如白雪，腰如束素，齿如含贝"。这些中国古典文学中的名句，都把象征女性气质的美推崇到极致。无论东方还是西方，对女性美的赞美似乎都环绕在具有"女性气质"的范畴中。所谓的"女性气质"，是以优雅、轻柔、婉约、娇柔、甜美为主的"阴柔美"。这种"阴柔美"也表现在女性的体态之中。

首先就肌肤而言，强调"白皙、光滑、柔软、富有弹性"的肌肤及色泽，都是女性迷人的象征。俗语说"女子一白遮百丑"，白皙的皮肤一方面能增加柔嫩光滑感，另一方面更易于展现肌体上的性征。比如与红唇的对照，使得女性的性感美更加突出。除此之外，肌肤细腻富有弹性，也能使女性增添几分妩媚（图4-34）。

图 4-34　女性气质美的体现

其次，女性的脸部形态也能显示出重要的第二性征，容貌美丑与性特征有着内在的关系。在白居易的《长恨歌》中，就以"芙蓉为面"来形容杨贵妃的容貌美。女性脸型的美强调柔和的线条，故通常以椭圆形或瓜子形脸为美，正好有别于代表男性成熟刚健美的长方形脸。

眼睛也是最能展现女性独特魅力的部位。一双水汪汪的眼睛和妩媚的眼神，都独具魅力。在时尚气息浓厚的今天，我们应该经常能听到人们用"她的眼睛会放电"这句话来赞赏女性那一双形神兼具的美眸。而无论是流连婉转的"回眸"，还是尽在不言中的"含情脉脉"，无不有勾魂摄魄的力量。无怪乎中国古人形容女性的媚眼为"秋波"。

纤细弯曲的眉毛和丰满红润的双唇也是女性重要的魅力所在。当然随着时代的变迁，人们对于美的认同也发生了相应的变化。在中国，很长的一段时间内，人们都认为女性纤细弯曲的眉形为最美，例如"柳叶眉"就在很长一段时间内受到女性的追捧。自然眉是近几年非常受欢迎的眉形之一，因为它符合当下简约和环保的潮流。自然眉是一种不刻意修剪和塑造的眉形，它保留了眉毛的原始状态，只做一些微小的调整，让眉毛看起来更加整齐和清爽。自然眉适合任何脸型和肤色，能够展现出一种自信和随性的魅力。由于时尚更替的速度越来越快，人们对于美的认同也会相应地变化得更快。

除以上几项外，头发也是表现女性美的一个方面。在中国人的传统观念中，象征女性化的飘逸长发是最好的。但是随着社会的发展和进步，现今的女性不仅仅只认为长且飘逸的头发就是最美的，短发的女性也可以很可爱，另外，卷发也越来越成为一种时尚。这些现象同时也表明人们对于美的要求和认识越来越多样化，社会的风气也越来越包容、越来越开放。

二、男性的气质与形态美

人们对于男性美的表达，似乎都紧扣在"男子气概"的范畴之中。所谓的"男子气概"，其特质是以粗犷、挺拔、高峻、结实、帅气为主的刚性美。

男性的身材一般比女性高大，肩部宽而厚，上肢结实，髋部较窄，下肢较长。男性的骨骼粗壮、肌肉发达，整个躯体的曲线显得粗犷而棱角分明，不像女性形体那样柔和圆润。一般男性的骨盆窄于肩膀，呈倒三角形体型。男性的肌肉以结实呈条块状为美，显示出刚劲的力度。这些特征是随着性发育在青春期成熟的，故我们把它们视为形体美的第二特征（图4-35）。

男性刚硬利落的容貌线条，也是区别于女性秀美、妩媚的第二特征。男性以肤色健康、五官端正、浓眉大眼、鼻梁挺直、嘴唇大小适度为美。前额要求宽阔饱满，眼睛应炯炯有神，目光坚定从容而不闪烁恍惚，下巴方正且正中有天然凹槽。除此之外，男性脸上的胡须在某种程度上也表现出男性的魅力。

代表"男子气概"的另一项特质是能表现出力量感，而力量感之美实际上是一种健壮的美，是生命力健全旺盛的一种表征。男性的力量感所表现的不但是一种雄壮豪迈的外观，也是一种深沉坚毅、沉着镇定的承受力和忍耐力。这些都充分地表现出男性美的特征。

图 4-35　男性气质美的体现

三、服饰与气质美

选择适合自己的服饰，穿出自己独特的韵味是服饰搭配的最高境界。因此，尽管市面上的服饰款式种类繁多，但是根据自身的气质有针对性地选择舒适合体的服饰，穿搭出个人的风格才是最重要的。通俗地讲，个性美的塑造是以强化个人的优点并修饰缺点为目标，而不是为了追求时髦而选择不适合自己身材和气质的服饰。如果穿搭时能够注重以下五个方面，那么会有助于穿着者展现自己的气质和时尚品位。

（1）服饰式样追求大方、简单。在选择服饰时，应选择轮廓线较为利落的款式；色彩以不易过时的黑、白、红三色为佳，搭配上不要混杂太多的色彩，应尽量控制在三个颜色之内；图案上不要使用过于繁复的图案，花边也不宜过多，有时候过于烦琐的装饰反而会降低服饰的档次和大气感（图4-36）。

图 4-36　永远不会过时的黑、白、红色彩服饰

（2）服饰的面料非常重要。款式再好的服饰，仍要辅以好的面料，才能取得相得益彰的效果。其中以纯天然纤维为佳，天然的丝、绸、缎等布料最能显示服饰的品质感。另外需要说明的是，在搭配上，面料质感相差太远的服饰最好不要同时进行搭配，免得失去整体衣着效果的协调感（图4-37）。

图4-37　丝、绸、缎类的服饰

（3）购买服饰的一个重要的原则为重质不重量。我们应该关注服饰的面料质量、工艺版型、品牌品质等指标，注重服饰的整体性价比，而不是为了价格的实惠而购买没有品质感的便宜货。平时可通过追踪各大时装周的最新动态、查阅服装杂志、关注一些时尚博主等方式来提高自己的穿衣品位，对服饰的款式、风格、色彩搭配建立属于自己的框架和基调（图4-38）。

图4-38　富有品质感的服饰

（4）选用自己喜欢的颜色来表现自己的个性。对于体型的修饰有时会与个人喜好的颜色相冲突。比如高而胖的女性，若偏爱鲜明亮丽的颜色，就与她的体型需要深颜色来修饰相悖，这时就需要下点功夫来斟酌协调才不致显得体型较大。若以深颜色如深蓝、暗褐等作为服饰的主色调，则可以用鲜艳色彩作点缀用于领口、衣襟、袖口等处，以增加亮色，这样就可以兼顾既高又胖的体型的修饰及色彩追求，把人打扮得潇洒有致而又有个性。

（5）服饰颜色必须与周围环境及气氛相吻合、协调，才能显示其魅力气质。参加野外活动或体育比赛时，服饰的颜色应鲜艳一点，给人以热烈、振奋的美感；参加正规会议或业务谈判时，服饰的颜色则以庄重、素雅的色调为佳，可显得精明能干而又不失稳重矜持，与周围工作环境和气氛相适应；居家休闲时，服饰的颜色可以轻松自然一些，式样宽大随便些，可增加家庭的温馨感。

第四节　服饰对形象的影响

随着社会的发展，个人形象的提升备受人们的关注和追求。本节分析并研究服饰色彩、服饰款式以及服饰搭配，并结合个人特征、属性的实际应用，来说明服饰搭配在提升个人形象上的重要性和必要性，提出相应的搭配方式，从而使人的着装从视觉上达到扬长避短的效果，提升个人形象。

一、服饰搭配的现实意义

服饰是服装和饰品的简称，泛指那些与衣着穿戴有关联或配套使用的物品。服饰搭配是指穿戴者有意识地安排自己的着装打扮，通过一种恰当的组合形式，达到舒适、美观、合理的整体穿着效果。

服饰搭配具有实用和装饰两种特性，对于服饰文化工作者来说，寻求服饰搭配的装饰性规律，评价服饰搭配的装饰性效果，是发掘生活中美的素材的一种方式，也是人的审美意识的一种主动表现，对于引导人们正确、合理地修饰自身，与自然环境和社会环境合拍，有着十分积极的导向性作用。

外在形象是反映人的审美倾向和自身素质的一种外在表现。无论是在求职、社会交往还是业务洽谈等活动中，人的外在形象都会在相互接触中引起对方的关注。在这些公众场合，重视仪表不仅是一种基本的礼仪，也是展示自身气质和风度的一种途径，它为人们的社交活动增添了一种自信和形象魅力。这就使得个人形象的塑造具有了一定的现实意义，也使得个人形象的塑造成为十分普遍的社会需求。

良好的外在形象不仅能够提升个人的外在气质和魅力，同时也能够在无形中助长人的内心的自信心。人与人之间沟通所产生的氛围感来自其语言、举止和着装形象的传达，相关研究表明，其中语言的影响占7%，举止的影响占38%，而着装形象的影响占到了55%。可见着装形象对个人形象的提升具有极为重要的作用，服饰搭配在潜移默化中影响着生活中的每一个人。

二、服饰色彩对个人形象的提升

服饰美是体现人类生活的一种状态美。在形成服饰状态的过程中，最能够创造艺术氛围、传达人们内心情感的是服饰色彩。因此，色彩在服饰和形象设计中发挥着举足轻重的作用。作为新时代的设计师，应该具备服饰色彩分析的专业知识，同时应该具备进行个人色彩分析和运用服饰色彩来扬长避短的能力。

（一）服饰色彩在肤色上的体现

个人形象的完美体现在于个人色彩和服饰色彩协调统一的结合。这种合理的搭配能给人带来舒适感和亲和力。个人色彩是由每个人的基因决定的，正是这种不同的基因造就了我们有不同色相的眼睛、头发和皮肤。根据不同的需要，服饰色彩有时可以与肤色形成强对比，有时也可形成弱对比。

相对来说，黄种人的服饰配色难度较大，一般情况下，明度和纯度不太高的蓝色与茶色系的服饰色彩与黄种人的肤色容易协调，保险系数较大。在选择服饰色彩时，应该分析个人的肤色是偏白、偏黄、偏红，还是偏黑，然后进行综合考虑。肤色偏黑者通常不宜选择深暗色调，最好与明快的、洁净的色彩相配，颜色的纯度保持为中等，如浅黄色、浅蓝色、米色等，也可选一些带花色图案的装饰，显得明朗活泼；肤色偏白者最好选择纯度适中的色彩组合，如以暖色调为主的粉红色、橙黄色、紫红色等，以改善气色；肤色偏黄者适宜明快的暖灰色、蓝灰色调，使用时可以采用一些纹样变化以及鲜艳色彩来点缀。

（二）服饰色彩在体型上的体现

服饰色彩在体型的搭配上要注意膨胀和收缩的视觉感受。纯度高的色彩给人带来膨胀的感觉，纯度低的色彩给人带来收缩的感觉；明度高的颜色给人带来膨胀的感觉，明度低的颜色给人带来收缩的感觉。

一般而言，体型肥胖的人不适宜穿着高明度、高纯度和暖色系的服装，上下身的色相最好相近，也可以穿着一些中性色彩或者偏冷色彩的服装，在视觉效果上给人一种收缩的感觉。体型矮小的人适合穿着色调柔和的服装，也可以考虑全身色彩统一的服装。

（三）形象设计中的色彩

色彩常被称为"视觉第一要素"，在形象设计中，人们最先关注的就是色彩的设计与搭配。不论是设计师还是穿着者，对于色彩的选择和爱好既有相似之处又各有不同，每个人适合的色彩也截然不同。个人的肤色特征、相貌、体型、内在气质在形象配色中是关键的因素，这就需要设计师和穿着者了解人们及自身的内在心理特质以及外在的五官、脸型、体型等方面的优缺点等因素来对整体形象进行设计。

随着人们的生活水平的提高、消费观念的转变以及生活方式的差异，服饰色彩对形象设计所提出的要求随之有所改变。不同性格、风格的人追求不同的个人形象，同时，不同的场合和季节，个人的形象设计也会相应地进行改变。例如在参加舞会时，服饰色彩相对来说就可以别致点、夸张点，而在参加会议时，服饰色彩就应偏向于柔和与稳重。

因此，色彩对于个人形象的建立起着积极作用，是成功的形象设计的关键。适合自己的、与自己相协调的色彩能够使人显得健康、自信，给人良好的印象，反之则不然。形象设计与色彩搭配应遵循以下原则。

1. 和谐

形象设计中色彩的应用有许多不同的方法，但其目的都是为了追求和谐美。色彩具有不同的特性，具体到每种颜色，它们的个性均有所不同，每种颜色总会有几种最适宜的与之相配的颜色来产生和谐的光彩。

当一种色彩所处的环境有了变化时，它给人的感觉也随之发生变化，这就是错觉。在形象设计的色彩运用中，这一特性体现得更加充分。巧妙地利用它，可以产生出丰富的色彩。而这些丰富的色彩要统一在和谐的整体设计之中，这就要求充分地把握形象设计与色彩搭配的关系。从主观上说，不同色彩的某些结合是令人愉快的，而有一些结合则使人感到不舒服或不能给人以视觉上的美感（图 4-39）。

图 4-39　形象设计中服饰色彩的和谐搭配

2. 整体

服饰配色需要有一个完整的设计构思。应该在形象设计的初级阶段，将造型、色彩一并构思。色彩配置在形象设计中十分关键，形象设计的整体效果有很大一部分因素取决于它。色彩、造型、风格是相互制约、相互服务的三个组成部分，它们的关系是不可分割的，每一部分都分别以自身的力量使其他部分的效果更为突出（图4-40）。

图4-40　形象设计中服饰色彩的整体搭配

3. 主调

形象设计的色彩配置要有一个主色调，其他色都要与主色调协调，富于变化的统一，这是形象设计引人注目的主要因素（图4-41）。

图4-41　形象设计中服饰色彩的主调搭配

4. 呼应

色彩在服饰上的配置通常都不是孤立存在的，应上下、左右、内外相互呼应，这样才能显得更加完美、和谐。如浅色卷发、紫色帽子，妆容为紫色调，围巾、腰带也采用紫色，这样头饰、腰饰、围巾遥相呼应，使得其他的色彩都不会显得孤立、单调，而这种呼应还可使整体配色增添情趣（图4-42）。

图4-42　形象设计中服饰色彩的呼应搭配

三、服饰款式对个人形象的提升

在个人形象的塑造中，除了需要了解服饰的色彩特性外，服饰款式的选择也是重要的因素之一。款式表现为服饰的造型特征，展示了个人形象整体的造型美感，因此在服饰款式的选择上要注意选择适合个人体型特征的服饰款式，这样才能够显示出自身独特的身体线条和美感。

（一）女性身体线条与服装款式的选择

女性服装根据外部廓形和内部细节可以分为直线型、曲线型以及柔和直线型。直线型的服装肩膀和边线形状都很清晰，转折处带有尖锐的角。一般而言，直线型服装的腰部为直筒形状，轮廓线和领口附近的线条均为直线（如V领、西装领的服装），版型周正、线条简洁，材质上多采用具有条纹、几何纹样的面料。这些特征使得直线型服装能够很好地包容女性的身体，适合胸腰差不明显以及追求休闲宽松风格的女性。

曲线型服装的外部廓形和裁剪细部线条都很柔和。曲线型服装的外部轮廓和领口线条多为曲线，大部分服装有收腰的特征，领型上多采用圆领、青果领、悬垂领以及带荷叶边的衣领，面料选择上多采用柔软、柔和图案以及斜向条纹的面料。这种类型的服装能够很好地展现出女性身材的曲线特征，适合胸腰差较为明显的曲线型体型的女性。

柔和直线型服装的轮廓线与直线型服装相同，相对来说比较直，与直线型体型融为一体。而领口处又与曲线型服装相似，多采用柔和的线条。柔和直线型的服装能够在修饰体型的同时展现出女性的柔和美，适用范围较广，适合大部分身材的女性。

（二）男性身体线条与服装款式的选择

男性服装款式相对比较单一，下面以西服为例讲解男性不同身体曲线的着装。男性的身体更趋向于流线型，大致可分为三种，分别是倒三角形、长方形和圆形。

倒三角形体型的男性适合穿着欧洲风格的西服套装。欧洲风格的西服套装具有明显的直线和棱角，服装整体轮廓呈倒梯形，肩部带有夸张的垫肩，腰部有着大尺度的收腰，且服装多为双排扣。这种款式的西装穿在倒三角形身体线条的人身上，看上去更像自身形象的自然延伸。

长方形体型的男性适合穿着美式西服套装。美式裁剪的西服套装和欧式西服套装一样也是一种直线型套装。但相较于欧式西装而言，它的轮廓线没有那么夸张，对于长方形身体线条的男士来说，这种外形呈现 O 形的休闲西装是个不错的选择。

圆形体型的男性适合松软面料的软式风格西装。对于圆形体型的男性来说，舒适是首要的选择，贴身的服饰并不适合他们。总的来说，没有夸张的肩部、棱角的软式裁剪西装较为适合圆形体型的男性。

四、饰品对个人形象的提升

饰品的起源，最初是因为遮体的需要，后来随着生活水平和人的创造力的不断发展，开始向着修饰部分转化，衍生出了以修饰为主的各种装饰。服装与饰品的搭配要有重点、有节奏、比例协调，才能彰显穿着者外在形象的层次美。饰品本身集个性化、社会文化、礼仪、内涵于一身，因此我们要在突出自身风格的同时恪守社会规范，符合这样要求的饰品更能衬托穿着者的气质和形象。

饰品在服装设计中使用的范围极其广泛，形式和功能多种多样，使服饰风格千变万化。有的是服装造型的主要手段，起关键作用；有的则画龙点睛，强调装饰；有的与服装主题相关联，是服装的延伸；有的与服装主体相分离，运用自如；有的对比，有的统一；有的简单，有的复杂。人们现在所追求的一般是高实用性和高附加值的饰品。在人们更注重饰品装饰性、应用饰品主要目的是为了体现其装饰作用的情况下，它本身的实用性是不会随着人们这种思想观念的变化而变化的。对于穿着者而言，饰品的出现主要是为了增强服装本身的艺术表现，为了突出服装这个主题，让服装整体更趋于丰富与完整。

实用性是不可缺少的，而装饰性也是无时无处不存在的，它们只是根据特定的环境，扮演着不同的角色。所以饰品的实用性携带有装饰性，同样，饰品的装饰性也包含了实用性。

总之，通过对服饰色彩、服饰款式、饰品的研究，可以看出穿着者的肤色、体型、自身属性和社会人文关系对服饰的选择起了界定作用，穿着者个人形象完美体现的程度完全取决于服饰色彩、款式与个人形象的内在联系，在选择服饰时服饰色彩、款式二者在对个人形象的提升上相辅相成，只有二者独自地协调后再融合到一起，才能起到扬长避短的作用，缺一不可。再加上服饰配件的协调，穿着者的个人形象就得以完美提升。

第五节　化妆与装束美

化妆，亦可以称为化装，是运用化妆品和工具，采取合乎规则的步骤和技巧，对人体的面部、五官及其他部位进行渲染、描画、整理，增强立体印象，调整形色，掩饰缺陷，表现神采，从而达到美化视觉感受的目的。化妆能表现出人物独有的自然美；能改善人物原有的"形""色""质"，增添美感和魅力；能作为一种艺术形式，呈现一场视觉盛宴，表达一种感受。艺术彩妆和自然妆分别如图4-43和图4-44所示。

图 4-43　艺术彩妆　　　　　　　　　图 4-44　自然妆

化妆色彩搭配讲究对人体面部的各个部位进行技巧化的整理，能让人更加清秀、明朗。所以，为求化妆色彩与服饰色彩搭配更加合理，受众还是要多选择自己所喜欢的颜色，遵从色彩搭配原则，进行适当的搭配。

一、化妆色彩搭配

（一）化妆色彩搭配具体元素

化妆主要是为了更好地表现自己的美，利用一些化妆品进行一定的面部改观，让自己原本的面貌更加精致美丽。现在化妆色彩搭配的具体因素主要是对脸部、眼部、嘴唇、眉毛等进行立体技术处理。

常见的眉形有一字眉、柳叶眉、剑眉、高挑眉等。不同种类的眉形能让女性或者男性显得更有精神，如一字眉能让女性更加清秀，柳叶眉能使得女性更加妩媚，剑眉能使得女性更加有英气。脸部的修饰主要是针对女性或者男性脸部的瑕疵进行修饰，比如涂抹 BB 霜或者隔离霜等化妆品，可以使得脸部皮肤白皙透亮。眼部的修饰是针对眼睛轮廓线进行刻画，用眼线笔涂描，还可以用眼影涂描，使得眼部更加深邃。嘴唇的色彩在整体搭配上更为明显了，现在有很多颜色的口红，例如西瓜红、大红色、豆沙色、砖红色等，这些颜色都能帮助女性提升气色，大红色使得女性更加妖艳，豆沙色显得女性更加富有灵气。

（二）化妆色彩搭配的技巧

化妆技巧的好坏关乎妆容的整体效果。一般化妆都会先从脸部清洁开始，用护肤品对面部进行细心清洁，清洁后对皮肤进行补水、锁水。这一系列工作完成后，再涂抹隔离霜或BB霜进行美白遮瑕，然后开始的就是化妆"大工程"。首先对眉毛进行修理，再根据自己所适合的眉形开始涂描；接下来就是眼妆部分，首先挑选出适合自己肤色和着装色彩的眼影进行涂抹，涂抹完成后根据自己喜欢的眼线类型开始眼线的涂描；最后是涂抹适合自己的口红。当然有些女性还倾向于对面部进行修容，可以利用高光和阴影来修饰脸型、增强脸部的立体感，还可以通过腮红让人看起来更加有精气神。

二、化妆色彩搭配与服饰色彩搭配

（一）同类颜色的搭配

国内一般消费者大多喜好颜色略暗的衣服，年轻女孩多喜欢用亮色系做内搭，在这种情况下，用暗色系妆容搭配暗色系衣着，表现女性的英姿飒爽。同类色系的服装会显得人物比较清晰，也很容易被身边的人所看清，显得这个人很简单。所以，如果选择搭配同色系妆容与着装，要考虑用自己适合的颜色进行搭配。

（二）不同色系的搭配

不同色系的搭配能使一个人整体有层次感，让人第一眼看上去就感觉有不同的颜色，第一次看到的是什么颜色，再看会是什么颜色，慢慢地看到更多颜色，也能让这个人慢慢融入社会中。例如一个女性如果妆容是甜美系，可以选择稍微暗一点的衣服，能让自己显得稳重、成熟一些。

第六节　形象风貌实例点评

本节通过具体的实例来分析形象风貌的特点，总结出与个人形象适合的着装与妆容，为个人形象设计与服饰搭配提供参考依据。

一、形象测评的条件要求

（一）外在环境

（1）在自然光线条件下鉴定，若条件受限，也可在白炽灯下鉴定，但灯光的光源距离被鉴定者需 1m 以上距离。

（2）如果在室内，周围环境应为白色，无大面积的有彩色或反射光。

（3）室内温度避免过热或过冷，以免影响诊断结果。

（二）被诊断者的要求

（1）被诊断者应先卸妆，以本身肤色为基准。

（2）如果皮肤有过敏、暴晒、饮酒等状况，应等其恢复自然状态后再做鉴定。

（3）应先摘取外戴眼镜或美瞳。

（4）被诊断者的头发如果有漂发或染发，应戴上白色帽子或固定遮挡头发。

（5）如果被诊断者有文眉、文眼线、文唇等情况，应排除其干扰因素。

（6）颈部以上不要戴首饰。

（三）色彩诊断专用工具

色彩诊断专用工具包括镜子、白围布、发卡、唇膏、丝巾、季型鉴定专用色布等。

（1）镜子。镜子摆放要与光线成对立面，光线均匀，避免形成"阴阳脸"。

（2）白围布。用于遮挡被诊者身上服饰的颜色，最好能盖住膝盖以上的位置。

（3）发卡（发带）。遮住额头或面部的头发都应用发卡或白色发带向后固定。

（4）丝巾。用于诊断结果出来后，服饰造型时使用。

（5）唇膏（唇彩）。符合春、夏、秋、冬四季色彩特征的多种唇彩，用于验证或判断诊断结果是否正确。

（6）季型鉴定专用色布。季型鉴定专用色布是色彩鉴定必备的工具之一，共 20 块，分春、夏、秋、冬 4 组，每组中有 5 块色布，包括不同色彩倾向的粉、黄、红、绿、蓝。色彩顾问可依据不同的色布快速找出适合被诊断者的色彩群，为其正确着衣用色提供科学的依据。图 4-45 为季型鉴定专用色布。

图 4-45 季型鉴定专用色布

（7）验证色布。用于验证色彩诊断过程中的冷暖验证阶段，采用金属色中极冷的银色和极暖的金色强调或验证诊断结果（图 4-46）。

（8）肤色色卡。四季色彩肤色色卡是根据亚洲人肤色研发的测试卡。里面包含 18 种日常生活中的常见肤色，是用于帮助寻找出个人的肤色季型属性的专用工具，如图 4-47 所示。

图 4-46　验证色布

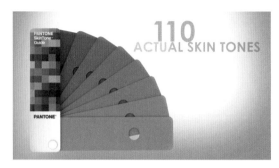

图 4-47　肤色色卡

（四）色彩诊断流程

1. 准备阶段

（1）目测被诊断者的服饰用色情况。

（2）用白布将被诊断者上半身挡住。

（3）为被诊断者卸妆。

（4）整理被诊断者的头发。

2. 色布诊断阶段

（1）比较春、秋交替色布，观察皮肤因冷暖色彩而产生的变化，初步诊断出被诊断者的冷暖倾向。

（2）如果被诊断者肤色属于暖基调，比较春、秋交替色布，观察皮肤因色彩轻重产生的变化；如果被诊断者肤色属于冷基调，比较夏、冬交替色布，观察皮肤因色彩轻重产生的变化。

（3）比较春、秋或夏、冬，诊断出被诊断者的冷暖以及轻重倾向，得出结论。

3. 验证阶段

（1）涂上适合的标准口红。

（2）用丝巾和色布做造型验证结论。

4. 调整阶段

（1）根据被诊断者的其他因素适当调整。

（2）总结并给出被诊断者的个人用色规律。

二、形象风貌实例分析

（一）日常服饰形象设计案例

日常的自然环境中服饰形象设计一般偏向自然型风格，这类风格的女性在装扮上以直线为主，做到自然、洒脱服装款式，不必追求新颖、个性、另类的装束。图4-48（a）中人物形象柔和圆润，脸部轮廓流畅，五官精致小巧，是典型的鹅蛋脸。在妆容上，用大地色系修饰眼部，自然和谐，橘色调的口红更显元气。在发型上，自然无修饰的长发造型，贴合环境的氛围，肤色偏暖，适合深棕色这种发色，没有刘海遮挡，轻柔感十足，又可以弥补脸型不足。在服饰上，人物绿色碎花挂脖连衣裙搭配白色开衫，加上挂脖和收腰散摆凸显优雅清新。配饰为细链金色项链，和暖色的氛围相融洽。

图4-48（b）中人物形象五官立体，眉眼比例协调，整体轮廓清晰，是标准的方圆脸。在妆容上，突出五官的优势，眼妆部分没有过多的色彩修饰，用棕红色系的口红，整体贴近自然感。在发型上，线条弧度流畅，中长度头发发质较好，冷性肤色搭配棕红色发色进行中和，同时与唇妆进行呼应。在服饰上，灰色针织长袖上衣搭配绿色提花面料的抹胸，裤装为灰白色竖条纹长裤，与上衣纹路相协调，配饰为白色网纱花瓣型耳饰，在冷峻气质中增添一些柔和感。

（a）　　　　　　　　　　　（b）

图4-48　日常服饰形象设计案例

（二）职场服饰形象设计案例

作为职场服饰形象设计，所面向的范围是一些大众人群，这就要求在相互的交流过程中，所体现出来的职场形象是符合大众审美情趣的。它遵循一定的审美规律，不是纯粹的个性表达，要符合职业需要，与工作环境相融洽。图4-49（a）中人物形象五官明朗，眉眼比例协调，面部轮廓柔和，是整体偏向清冷的风格。在妆容上，以淡妆为主，侧重简洁大方，通过淡雅的色彩来营造出典雅而不高傲，时尚而不张扬的美感。眼妆部分以大地色系为主，小面积晕染，唇色自然。在发型上，是简易打理的短发造型，发色以沉稳的、含蓄的黑色为主，发质硬挺，塑造性较强。在服饰上，整体搭配合体，上装为白色抹胸加同色西装外套，适当的露肤面积让整体服饰没有沉闷感，下装为浅咖色西装裤，搭配驼色方型邮差包，加上金属色耳饰和项链，是经典的职场服饰形象设计。

图 4-49（b）中人物形象五官立体、富有个性，眉眼比例和谐，鼻梁紧致挺拔，嘴唇精致小巧，脸型是标准的鹅蛋脸。在妆容上，底妆服帖，眉眼无过多修饰，唇色为裸色，整体妆容呈现自然通透的裸妆感。在发型上，线条清晰，长度比较修饰脸型，发量充足，发质柔软，深棕的发色与整体风格匹配。在服饰上，浅粉色 V 领连衣裙，搭配长链型耳饰，色彩以沉稳、明朗的色调为主，搭配部分细节点缀。通过这些经典的元素，结合一些时尚的潮流因素，呈现出优雅的职场女性形象。

（a）　　　　　　　　　　（b）

图 4-49　职场服饰形象设计案例

（三）晚宴服饰形象设计案例

现代社会中，晚宴服装的形式正在逐渐简化，但是，保持一定的庄重感，展示最佳的穿着效果，仍然是晚宴服装的最基本因素，它受流行趋势变化的影响比较小，其有自己的一定规律。图 4-50（a）中人物形象柔和圆润，面部线条流畅，无明显棱角，是典型的瓜子脸。在妆容上，突出五官的量感，重点刻画眼妆部分，用大地色系晕染眼部，睫毛浓密，唇色为浅橙色，更有元气少女感。在发型上，低扎马尾，简单大方，侧分发缝修饰脸型。在服饰上，针织提花呢子面料上衣是优雅的代表，搭配蕾丝吊带薄纱长裙，干练中又不失柔美，珍珠耳饰的加持更加凸显温柔气质。

图 4-50（b）中人物形象五官精致小巧，轮廓线条清晰，干净利落的眉眼具有较强的识别性，是方圆脸型。在妆容上，属于古典风格，柳叶眉搭配低饱和眼妆，底妆服帖自然，唇部涂豆沙色口红。在发型上，高低错落的盘发极具层次感，搭配羽毛和金属发饰，灵动又不失细节。在服饰上，蓝色薄纱刺绣礼服长裙，胸口钉珠部分精致细腻，凸显温文尔雅、小家碧玉的气质，薄纱面料飘逸和柔和，同时又充满女人味。

（a）　　　　　　　　　　（b）

图 4-50　晚宴服饰形象设计案例

（四）个性化服饰形象设计案例

新中式风的穿搭，融入了时尚元素与古典造型。在不同的风格碰撞之间，彰显着无尽的风采，有着古韵的优雅，也有着时尚的清新。新中式风是一种更加日常的风格，给人一种高级雅致又有女人味的体验。图 4-51（a）中人物形象五官立体，眉眼比例协调，面部线条流畅，是典型的鹅蛋脸。在妆容上，用棕色晕染眼睛下部，放大眼妆量感，在山根装饰两点，显得灵动俏皮，棕红色口红与眼妆相呼应。在发型上，公主切发型搭配编发，后面辅以木簪装饰，凸显中国风气质。在服饰上，新中式风的穿搭雅致大方，也清新舒爽。剪裁适当宽松，裙摆有一定膨胀程度。夏天穿起来格外舒爽自在，包容性也特别强。流畅的 A 字形剪裁，让黑色连衣裙更加垂坠，马蹄莲的图案更增添了浪漫感。

图 4-51（b）中人物是个性化形象设计的代表，在妆容上，眉毛贴合自身眉形，细长飘逸，加重眼尾细节，用绿色进行点缀；眼妆部分用大面积粉嫩色进行修饰，修容立体，凸显五官优势；唇妆部分，将唇形勾勒清晰，正红色表现典雅气质。在发型上，整体盘发，用编发形式装饰发髻，侧分发缝修饰脸型。在服饰上，新中式风格的穿搭，不仅可以在服装面料上下功夫，还可以在服装细节设计上下功夫。其中最具有古典特色的元素就是典雅的束腰系带设计了。上衣为绿色 V 领长袖，边缘装饰同色系缎面，典雅大气，系带设计展现腰身，整体呈现 X 造型。搭配白绿相间长裙，莲蓬荷叶的图案，更加凸显装饰性。

（a）　　　　　　　　　　（b）

图 4-51　个性化服饰形象设计案例

第五章
现当代中西方服饰的审美差异

　　自 1900 年以来，过百年的时代变迁，中西方经历了两次世界大战的洗礼。战争改变了原有的社会价值体系，人们的服饰形象从 20 世纪初到现在经历了多元化的风格转型，也经历了服饰文化的碰撞、新潮思想的裂变和时尚的轮回。在动荡的时代长流中，产生了不计其数的经典款式以及留有时间烙印和地域文化属性的服饰搭配。西方由于受到古希腊、古罗马"以人为本"的美学理念影响，服饰审美注重表达人体和个性化追求，试图通过服装结构造型来改变人体曲线。而中国的服饰流行的群体特征更为明显。随着民主自由的氛围逐渐深入人心，服饰审美也开始由表象美向内在解放美进行过渡转变，服饰审美的差异和壁垒正在逐渐削弱，每年举办的各种国际时装周就展现了多元共生的审美局面。

第一节　现当代西方服饰审美

一、女性服饰

　　在西方，20 世纪初期的 10 年被称为"美好年代"。20 世纪初期流行的新艺术运动对服饰产生了深远的影响，服装的外轮廓呈 S 形，充满华丽柔美的浪漫色彩。女装从装饰过剩的重装向简洁朴素的轻装过渡，主要表现为女性服饰的基本形态，突出人体的自然形态。装饰方面则渐渐减少刺绣、花边、褶、穗、带等装饰，较以前更加简洁素朴（图 5-1）。

　　1900 年，法国设计师格夏·萨洛特（Gaches Sarrautte）对紧身胸衣进行了改造，将原本紧顶着乳房并将其高高托起的上缘降至乳房下，让乳房自然呈现。这种健康的胸衣在束紧腰身的同时也使小腹得到了平复，强调背部曲线，臀部显得更圆润和健美。女性渐渐从

图 5-1　新艺术运动代表人物阿尔丰斯·慕夏作品

紧身胸衣的束缚中解放出来，出现了胸罩和柔软的内衣。裙子的长度较以前短，露出了双脚和踝关节。此时女性对于户外活动的要求更加强烈，各种运动越来越流行，特别是骑自行车和打网

球。女性对于服装的要求也有了相应改变，出现了以其创始人玛丽·布鲁姆的名字命名的宽松灯笼裤，也称为"理性服装"。这种裤子一般穿在薄的上衣下面，很适合骑自行车等运动（图5-2）。

20世纪最初的10年，东方式的整体形象广泛流行，西方的女性们穿上不强调体型的高腰线裙装，搭配珠串束发带和羽毛装饰的发型，完全是阿拉伯女郎的样子（图5-3）。

图5-2 玛丽·布鲁姆的宽松灯笼裤

图5-3 20世纪初英国版《VOGUE》杂志封面

到20世纪20年代，整个西方社会成为多元化思想和影响的大熔炉。在美国，人们涌到俱乐部去倾听爵士歌手的歌声；在纽约哈莱姆著名的"棉花俱乐部"，暴徒们与美国社会的精英们混在一起；在巴黎，美术家让·考克多（Jean Cocteau）和巴勃罗·毕加索（Pablo Picasso）、设计师可可·香奈儿（Coco Chanel）以及舞蹈动作设计师叟奇·帝阿杰兰夫（Serge Diaghilev）一起合作制作了芭蕾舞剧《蓝色列车》（图5-4）；埃及的图坦卡蒙（Tutankhmen）墓的发现也引发了一场对埃及等各种东方事物关注的热潮。

图5-4 芭蕾舞剧《蓝色列车》的幕布

知识拓展

"蓝色列车"是 1922 年开通的一列豪华卧铺列车的名字，连接加莱和蔚蓝海岸，途经巴黎，并且可以在加莱换乘前往伦敦。"蓝色列车"是里维埃拉（又被称为蔚蓝海岸）度假胜地的一道著名风景线，反映出 20 世纪 20 年代上流社会的休闲生活风貌。芭蕾舞剧《蓝色列车》即是以它为名。1924 年，塞尔吉·迪亚吉列夫领导的苏联芭蕾舞团在巴黎香榭丽舍剧院首次登台演出。迪亚吉列夫邀请让·考克多为这部"舞蹈轻歌剧"撰写剧本，达律斯·米尧创作配乐，立体主义雕塑家亨利·劳伦斯负责舞美，毕加索为此剧绘制舞台布景。可可·香奈儿则设计了演出服，她以自己的"jersey"针织系列服饰为灵感，为舞蹈演员们创作出运动风格的戏服（图 5-5）。

图 5-5　芭蕾舞剧《蓝色列车》中的场景（1924 年）

1923 年，香奈儿与西敏公爵在蔚蓝海岸的蒙特卡罗相识。他风度翩翩、从容潇洒，令她一见倾心。她大胆借鉴西敏公爵的斜纹软呢外套，化为香奈儿风格语汇中的永恒经典元素。

从 1924 年开始，香奈儿推出以斜纹软呢面料制成的户外服装、套装及大衣。20 世纪 50 年代，饰有编结滚边的斜纹软呢套装成为香奈儿的标志性设计，并自此成为独立女性的象征。

第一次世界大战时期，女性的服饰简单了，化妆却仍然精致。战后，女性的社会地位得到改善，由于战后男女比例严重失调，女性补充到社会各部门，随之政治经济地位得到提高。这时又一轮的女性解放运动开始了，新女性从闺房走入社会。女性的装扮形象也发生了极大的变化。这个时期也被称作"女男孩"(La Garconne) 时期，即指以巴黎为中心的女性装扮男性化，女性开始从身体形象和服饰装扮上否定自身的女性特征，而向男性看齐。无视正统的叛逆少女去理发店剪掉长发，穿上短裙。服饰也是管状造型，忽略胸腰线。20 世纪 20 年代中期，这种男性化或平胸的女性形象几乎达到了顶峰，被统称为"Flapper Girls"（图 5-6）。这些新兴的女性引领的时尚潮流为女装基本完成现代化形态的变革做了铺垫。从此，20 世纪 20 年代也被视为现代女装的开端。

图 5-6　"Flapper Girls"的代表人物
克拉拉·鲍（Clara Bow）

进入 20 世纪 30 年代，1929 ～ 1933 年为时 4 年的经济危机使西方各国遭受的经济损失不亚于第一次世界大战。已走上社会的女性又被迫回到家中，要求女人具有女人味的传统观念重新抬头。20 年代的扁平身材不再时髦，取而代之的是凹凸有致的身材。各种健身手段层出不穷，女性去美容院不再只是美化面部，同时也会美化身体。

该时期女性装扮的主要特点是烫发、打发蜡、浓睫毛、涂红的长长指甲、粗而上挑的浓重眼线。电影在这一时期成为影响全球的文化产品，好莱坞拍摄的逃避萧条年代的幻想型影片，使电影明星的影响力广至服饰、化妆、发式及仪态（图 5-7）。

图 5-7　好莱坞黄金时代著名影星琼·克劳馥（Joan Crawford）

此时期欧美女装整体风格优雅、华丽，设计重点尤其强调肩部和背部。服装设计师应用能贴着身体的、显示性感线条的、柔软而优美的缎子和双绉面料，为好莱坞明星和富裕的上层社会的顾客设计和提供她们所渴望的服装。典雅的紧身上衣和直身裙组合，纤细腰部配以腰带，衬衣胸部有夸张的装饰，上衣的翻领通常比较宽大，而颈线比较低。在晚礼服中，背部大胆采用宽而深的 V 形领口线，裸露面积很大，成为此时女装的一大特点。

在 20 世纪 30 年代，手套和帽子是塑造淑女形象的必备饰品。在这 10 年开始的时候，帽子还比较平，用发卡固定在头发上。之后帽子越来越复杂，产生了贝雷帽(Berets)、船形帽(Boaters)、钟形帽(Cloches) 等。由于养殖珍稀毛皮动物的成功，服饰上的毛皮来源更充足了，并且能够随心所欲地培育出有理想色彩的毛皮。如深蓝色的水貂毛、带白色斑纹的黑色水貂毛等，其中最珍贵的仍是白色水貂毛。

成熟、优雅成为 20 世纪 30 年代女性的时尚潮流，紧身衣的进一步优化使得女性更热衷于收腰的设计。著名设计师克里斯汀·迪奥（Christian Dior）设计的简单而合身的剪裁方式在这一时期受到广泛的欢迎（图 5-8）。

图 5-8　迪奥的设计与紧身衣

　　直到 1939 年第二次世界大战爆发，奢靡繁华的服饰才逐渐化繁为简。由于战争而导致物资短缺，1941 年英国政府为此颁布了节俭条例来限制服装风格、布料运用和服装细节等，1942 年美国战时生产委员会（WPB）为限制羊毛使用量也颁布了 L-85 条例。然而在各种艰苦条件下，欧美女性仍希望用时髦的穿着来冲淡战争带给她们的痛苦。采用军装式剪裁的西装和与之搭配的收身短裙成为当时欧美女性必备的时尚单品。

　　在硝烟弥漫的第二次世界大战期间，军装风格尤为盛行。战争期间，许多妇女积极加入陆军部队并从事各种任务。为了便于工作，舒适的宽松裤装和连体裤受到人们追捧。采用直线型剪裁的裤装可以搭配各式衬衫或外套，营造出女性英姿飒爽的工作形象，而高贵优雅的发型则给整体造型注入几分柔美（图 5-9）。为了节约开支，服装采用各种低廉的人造布料制作而成，色彩上也偏好低调的单色，例如灰蓝色和棕色等。西装上衣均采用单排扣，且不添加任何装饰，甚至有时会用截短袖长或取消胸口贴袋等方式来节省布料。西装上锐利的垫肩元素也给妇女增添了几分强势，带来了无穷勇气。

　　第二次世界大战后，套装设计逐渐偏向女性化，不仅颜色更加鲜艳明亮，原本硬朗的整体线条也变得更加柔和，收紧的腰身展现出女性的曼妙身姿，而肩部设计也变得圆润柔滑，有的西装还添加高领设计，彰显出女性的高雅气质。之前由于节约布料而流行的短裙也逐渐增加了长度（图 5-10）。

　　20 世纪 60 年代是一个希望和危险并存的变革年代，冷战的阴影横亘在地球两端，东西方两大阵营的军备竞赛已经蔓延到外太空。巴黎的时代先锋们迅速捕捉到了新观念的气息，所以 60 年代的着装风格，以"解放身体"为主导思想，瓦解了战后华丽典雅的时装风格。这一时期有个响当当的名号："Swinging Sixties"（摇摆的 60 年代）。

图 5-9　第二次世界大战时期的女装

图 5-10　第二次世界大战时的女性军装外衣

此时各种反传统的叛逆思潮蔓延，当时流行极瘦的苗条身材，超短裙让女孩们尽显纤瘦的腿部（图 5-11）。女性面部化妆出现了大的革命，假睫毛被重叠使用，下睫毛刷出泪印，粗犷眼线和双层眼影使眼眶深而浓，唇形厚而有肉感。

迷你裙定义为"长度只及膝盖以上，站立时食指和无名指触及底边"的超短裙。安德烈·库雷格（Andre Courreges）所创造的迷你裙并不贴身，而呈现一种微张的 A 字，摩登中带有一些未来主义。用来搭配这款迷你裙的是一种鞋跟较低、长度过膝的高筒靴。这种靴子名为"Go-go Boot"，因 20 世纪 60 年代的"Go-go dancing"迪斯科舞蹈而得名。

20 世纪 70 年代在重视个性和自我的潮流之下，女性化妆一般不使用过于艳丽的色彩，润肤油和皮肤色的眼影油最为常用。头发式样注重层次感，明亮而健康。服饰也变得多样化，飘逸的长裙、剪裁宽阔的喇叭裤、东方风格的宽松设计成为潮流新典范（图 5-12）。

图 5-11　20 世纪 60 年代的短裙

图 5-12　20 世纪 70 年代的服饰风格

20 世纪 80 年代是讲求物质享受的年代，整体装扮形象比较浓重且稍显俗气，女性面部化妆色彩浓重，眼影的使用比较重，口红颜色艳丽，眉毛粗而黑，人们大量地借助发胶、发蜡等产品使头发竖立起来。厚垫肩的套装又重新流行起来，事业型女性喜欢将自己装扮成"女强人""职场精英"的模样。同时搭配高腰阔腿裤来展现自己的干练强势，又不失飘逸女性的特质（图5-13）。

20 世纪 90 年代，苏联解体、东欧剧变和欧洲经济共同体统一等一系列事件的发生，使得全球政治经济格局发生了巨变。此时人们的审美趣味百花齐放，女性追求积极、健康的个人形象，面部化妆努力营造自然的特色，许多面霜和粉底都是无色透明的。时髦的女性形象是中性化的五官和脸型、干瘦的身体、浅淡的眉眼妆饰和笔直而不修饰的发型（图5-14）。

图 5-13　垫肩加阔腿西裤的搭配举例

图 5-14　1996 年的《VOGUE》杂志封面

简约主义、中性风格也是 20 世纪 90 年代的流行对象。女性希望用简洁的衣服来衬托自己健美、姣好的身躯。此时美国设计师卡尔文·克莱恩（Calvin Klein）设计的一系列具有运动感的服装得到了全球范围的认同。

二、男性服饰

男装在几个世纪的不同年代因受社会变革中政治、经济、战乱、和平、文艺思潮、科学技术等诸多因素的影响，以敏感而微妙的形式悄然地变换着其外在风貌。男装自 18 世纪以来基本沿袭英国模式，相对女装款式的变化而言比较稳定。20 世纪初期的男性服饰也是如此，基本延续了前一个世纪的三件套模式，男士着装样式趋于简约化及固定化，但还保留着传统男式服装的精致细节，在服装搭配、成衣的剪裁以及不同场合的穿着方式上都有了较为细致的规定。

套装的概念原指男士穿同一面料构成的服装，由上衣、背心、裤子组成，又称三件套

(suit)。在 20 世纪，又因为这种套装多为活跃于政治、经济领域的白领阶层穿用，故也称为工作套装或实业家套装(bussiness suit)，直到 20 世纪 20 ～ 30 年代形成现代套装的原型。这种起源于欧洲上层社会的男士三件式套装（three-piece suit），最初只是一件带有烦琐装饰的长上衣，后来随着时代的发展和人们生活习惯的改变，套装款式逐渐固定化、标准化，并在世界范围内流行，被公认为男士必备款式之一。一般来说，主要分为外套、背心、衬衣的三件套组合，领结或领带是必需品，衬衣的面料十分讲究，一般为亚麻布或高级的棉布。领子的造型有两种，一种是用于便装的翻领，另一种是用于正装的硬立领。套装的基本款式主要是三件套和两件套，两粒扣和三粒扣是其结构上的基本表现，在造型上延续了男士礼服的基本形式，它的变化在于着衣者根据礼仪、规格、习惯、流行、爱好进行组合和结构形式上的变通。男士礼服因穿着场合、时间、功能的不同，分为正式礼服、半正式礼服、晚礼服、晨礼服等。不同时期，男士礼服在结构和形式上变化不大，只是细节上存在一些不同（图 5-15）。在整个 20 世纪，套装在正式或非正式的场合几乎都能使用，因此从欧洲影响到国际社会。

图 5-15　男子西服款式示意

注：上排为昼间礼服，下排为夜间礼服

　　在 20 世纪，男装的发展经历了几个重要事件。20 年代，时髦的男装有高尔夫装束形象、法兰绒裤子和美国式西服外套的混合搭配形象、针织套头衫和宽大的裤子以及相同图案的短袜的搭配形象。体育运动和户外活动也在同时期盛行，导致新的运动服饰不断涌现，成为男子新潮服饰的最佳来源，它包括运动装、户外服、夹克衫、T 恤衫等，这类服饰具有易穿脱、易做运动、透气性好和吸汗力强等特点。

而后随着第二次世界大战爆发，男士服装趋于平民化，再也不是某阶层所特有。由于战争原因，大量物资短缺，不同国家开始以不同方式节约资源，服饰设计日趋简单，注重耐用实际的服装生产。当时最流行的男装外形犹如一个倒三角形，软呢帽配阔边外套，垫肩十分夸张，裤子呈直筒形，裤脚翻褶并露出当时流行的圆头鞋，衬衣以松身为主，门襟、领子及领带很宽，领带上印有抽象图案及女郎图样。到20世纪40年代末，美式T恤和印有鲜艳图案或格子的运动T恤成为日常衣着。

20世纪50年代初期的男士服饰仍十分讲究，而且很多在战时遭到破坏的东西都一一重建起来，社会呈现一片生机。伦敦早期的爱德华式的服装样式开始复苏，这种男装的特点是修长的身线，嵌有绒边的领子和翻起的袖口，配有紧身裤和豪华织锦大衣。这个时代的服装被认为是真正昂贵的。50年代的男装可以浓缩为一套法兰绒西服，深蓝、棕色、灰色和黑色几乎涵盖了商务人士的办公室着装的全部。简洁的线条与剪裁，一件轮廓鲜明的西装外套，白色衬衫，裤脚略宽的打褶裤，再配上一双系带的休闲便鞋，这就是50年代展现优雅男人风貌的穿搭术（图5-16）。

到了20世纪50年代中期，绰号"猫王"的埃尔维斯·普雷斯利(Elvis Aron Presley)树立了一个崭新的男士性感形象——黑色皮质飞行夹克、T恤衫、蓝色牛仔裤及长筒靴，作为青春反叛派的标志而为世人所瞩目，同时，猫王变化多端的发型也受到很多人的追捧。图5-17是20世纪50年代的男士服饰。

图5-16　20世纪50年代的男装海报

图5-17　20世纪50年代的男士服饰

20世纪60年代属于"摇摆的60年代"，衣服的设计重点是耐洗及易整理。裤子的变化及设计成为时装的一大主流，窄长的裤型依然流行，但崇尚低腰、腰头只到臀围线，再配以粗细不同的皮带，扮成西部牛仔的模样。喇叭裤代替了窄脚裤，年轻人甚至将新买回的牛仔裤泡在浴缸中以求缩水后更贴身，有的还特意将大腿及臀部位置磨白做成所谓的褪色外观。弹性牛仔裤也应运而生，成为流行一时的常服。与此同时，真皮被大量使用，不同颜色的软皮被制作成外套、大衣等。

到了 20 世纪 60 年代下半叶，年轻人与生俱来的热诚及生命力开始褪色，新的一代似乎缺乏自信，很多年轻人开始建立另一种生活方式，希望远离高度发达的物质文明。他们愤世嫉俗，有的人则开始追求神秘的事物，笃信邪教。嬉皮士（hippies）运动是当时最具规模的运动，其服饰特点极大地影响了当时的年轻人，他们不分男女都是披肩长发，有的还做成卷发的造型，并用窄长的头带钉上珠片戴在头上，如同印第安土著人，男子更喜留长胡子，任其蓬散凌乱，一派迷失放荡的模样（图 5-18）。约翰·列侬是嬉皮士运动的核心代表人物。

图 5-18　20 世纪 60 年代的嬉皮士形象

20 世纪 70 年代并无重大的戏剧性变化，嬉皮士风格席卷世界之后，接踵而来的"孔雀革命"导致男性化妆品的盛行，"孔雀革命"也影响了男装色彩的发展。而科技进步使物质、经济得到极大丰富，年轻人的服饰崇尚装饰，不分男女的无性别服饰大为流行。在 70 年代中期，青年一代产生激烈的反战情绪，但却令军装在短时间内流行起来。灯芯绒，米色、卡其色的全棉斜条纹布被大量用于日常的服饰中，同时，劳工阶层的服饰也流行起来，成为市场上的主要货品，工人裤及粗布制成的衣服成为日常装，流行度仅次于牛仔裤。

到了 20 世纪 80 年代中期，生活节奏明显加快。60 年代和 70 年代嬉皮士代表的文化潮流已经逐渐成为历史，无政府主义和激进的反战主义者们在没有战争的 80 年代失去了继续反叛的动力。与其为了反叛而去反叛，更多的人开始选择接受主流价值观，享受优越的物质生活。时装变得更讲求实用，个人风格已和时装密不可分，融为一体，时装界更出现"形象设计"新花样，进而导致雅皮士风格（Yuppie Style）的出现。雅皮士是高科技时代的产物，有着独特的生活观念、工作哲学和家庭模式，他们注重个人形象设计，用鲜艳、带有条纹的柔软衬衫取代 70 年代领口上浆的衬衫，色彩灰暗的领带也被有光泽的真丝领带所代替。

图 5-19 是美国 80 年代热播电视剧《伸张正义》（And Justice for All）的剧照，里面的律师和他的委托人都是典型的雅皮士风格。图中左侧男士身着的草灰色三件套西装配上宽领带，是典型的中上阶层老一辈人的穿搭方式；右侧男士笔挺的深色条纹西服配上了稍显细的深色领带，在突出肩部轮廓的同时，狭窄纤细的元素体现出当时着装性别模糊的特征。

从 20 世纪 80 年代开始，男装出现了前所未有的变革，面料的发展使男装更加轻薄。90 年代，富有人情味的设计使男装更加舒适，功能与形式更加统一。总的来说，90 年代的男装风格在总结了前几十年风格的基础上归于简单，追求懒散自由，正装的地位逐渐下降，休闲装大行其道。正装西服顺应时尚潮流，平和的肩型取代了夸张坚硬的肩部造型。另一方面，运动被视为是一种保持体形的乐趣，从而掀起运动服饰新浪潮。男装领域的想象力日益丰富，款式五花八门、变化多端，不同流派的文化有不同的服装风格（图5-20）。

图5-19 20世纪80年代电视剧《伸张正义》剧照

图5-20 20世纪90年代的男装风格

第二节　现当代中国服饰审美

一、现代中国服饰审美

随着辛亥革命的成功、清政府的覆灭，民主共和观念深入人心，全民掀起了剪发辫、易服饰、废止缠足的潮流。这不仅是时代的更换，也是西方文化冲击的必然结果。民国肇建之后，民国政府颁发了第一个服饰法令《制服案》，规定了常服、礼服等。与王朝衣冠制度不同的是，民国政府颁发的服饰法令除去了等级制度，无阶级观念的基本原则注入了服饰平等精神。从此中国服饰与延续两千年的封建王朝冠冕制度彻底决裂，进入一个开放、融合、充满现代气息的新纪元。

20世纪的最初10年，中国女性还是以上衣下裙的形式为主，最普遍的服饰是袄裙。另外，民国初期留学日本的学生甚多，受日本女装影响，许多青年妇女往往下穿黑色长裙，上身穿窄而修长的高领衫袄，被称为"文明新装"（图5-21）。

这一时期还流行一种领高至双耳、遮住面颊的元宝领，被人戏称"朝天马蹄袖"，虽然领子要高高立起，遮住面颊，但小臂是要露出来的，作家张爱玲称这种式样为"喇叭管袖子"。辛亥革命之后，西式的服饰潮流加剧了中国服饰的变革，裙腰系带被更容易穿着的松紧带所代替，在正规场合，裙子内要套长裤。同时，由于民主、平等、自由的理念盛行和女性意识的觉醒，女穿男袍在当时成为女性追逐的时尚，继而推广向全国。

但随着西风东渐的影响，喜欢穿西式服装的人越来越多。民国18年即1929年，国民政府重新颁布《民国服制条例》，对民国礼服和公务人员制服进行了规定，国民男士礼服为蓝袍和黑袍、黑裤子，女士礼服为蓝袍和蓝衣黑裙两种款式，男公务员制服为中山装。中山装是1911年由孙中山先生参照西服结构和中国传统服装紧领宽腰的特点，结合东南亚华侨地区流行的企领文装加以改进而成（图5-22）。新式中山装和改良旗袍是20世纪20年代中国男女性的经典着装形象之一。这种中西合璧、主动出击，汲取西式长处，气贯于内外，保留中装精华的全新形象，一直鼓舞人心（图5-23）。

图5-21　民国初期中国女性服饰　　　图5-22　中山装　　　图5-23　新式中山装和改良旗袍

✎ **知识拓展**

中山装的设计理念

（1）口袋。中山装的上衣前面有四个口袋，胸口两个，下摆两个，代表国之四维，即礼、义、廉、耻。口袋上的袋盖，是倒放的笔架形，寓意以文治国，崇文兴教。四个口袋上的四粒纽扣代表人民拥有"选举、罢免、创制、复决"四项权利（民权）。

（2）门襟。中山装的门襟有五粒纽扣，代表着"五权分立"，即行政权、立法权、司法权、考试权、监察权。

（3）袖口。中山装的左右两边袖口各有三颗纽扣，分别代表"三民主义"，即民权、民主、民生，以及"共和理念"，即平等、自由、博爱。

（4）领口。领口是最具有标志性的部位，为翻立式的领子，贴合紧密，像两扇门一样，以显示治国态度需认真严谨。

（5）背面。中山装的背后没有开衩，不破缝，代表中国领土的完整性和不可侵犯，表示国家和平统一之大义。

20世纪20～40年代，受西洋文化的影响，在中国最早步入大都市行列的上海，出现了时装业蓬勃发展的短暂时期。30年代是一个摩登的时代。上海已经开始和国际接轨，当时的欧美时装在流行三四个月后传入中国，总是会先在上海出现并兴起。男士西服的流行也颇有时尚味道，并因此带动了时装业的发展。总之，当时上海的时尚人士狂热追求一切时新、时髦的事物（图5-24）。

图 5-24　20 世纪 30 年代上海精致的女子装扮

知识拓展

　　当时上海时髦女郎的必备装束是："尖头高跟上等皮鞋一双，紫貂手筒一个，金刚钻或宝石金扣针二三只，白绒绳或皮围巾一条，金丝边眼镜一副，弯形牙梳一只，丝巾一方。"男子的时髦装束则为"西装、大衣、西帽、革履、手杖外加花球一个，夹鼻眼镜一副，洋泾浜几句，出外皮蓬或轿车或黄包车一辆。"

　　那时的摩登男士头戴礼帽，脚穿皮鞋，左胸袋露出白色或浅色手巾一角，系领带或领结，再缀上各种领带夹。西服背心、背带也是一应俱全。胸前垂金链子怀表，手上戴各色宝石戒指或金戒指，出门戴白手套，提文明棍，腋下夹个大皮包。20 世纪 30 年代，男子也有穿长袍者，一般是年长者或学者，中老年人腰间会挂烟袋和打火石。而由于社会层级的巨大差异，下层社会的男子只能穿疙瘩袢布背心或长袄，大裆裤，扎绑腿或者卷起裤脚，中式布鞋，头扎羊肚手巾或戴草帽、斗笠。

　　后来，倒大袖袄衫和长马甲合并演变成了旗袍。旗袍在最初并非叫旗袍，而是叫长衫、长衣、长袍等，因为它也是和男子一样的袍式，1926 年上海《民国日报》有短文《袍而不旗》提议改称"中华袍"，又有人提议称为旗袍等（图 5-25）。

　　之后，旗袍受西方文化影响，发生了重大转折。首先，原本宽大的廓形开始变得紧身，能够将东方女性优美的身体曲线表现出来；其次，清代旗袍的封闭性被两侧的高开衩打破；再次，新式旗袍出现了许多局部变化，在领子、袖口处采用了西式服装的装饰，如荷叶领、开衩领、西式翻领以及荷叶袖、开衩袖，有的下摆缀有荷叶边，并做了夸张变形；最后，还有的大胆使用透明

图 5-25　20 世纪 30 年代各色旗袍

蕾丝材料搭配里面的衬裙穿着。从服装设计的角度来说，这种旗袍运用了很多设计元素，很有创意，被称为"别裁派旗袍"。当时上海时装片流行一时，而且流行西化服饰的大前提下，别裁派旗袍在银幕上频频亮相，成为新颖别致的电影服装。西方时尚设计师认为，18世纪之后才是中国服饰文化的集大成时代，同样也因为旗袍包裹颈部，侧露大腿的样式，看上去既含蓄又充满了吸引力。

20世纪40年代是战火连天、硝烟弥漫的10年，中国人民的生活水平跌到前所未有的低点。连年战火使得民众的服装军事化，似乎穿军装才能给自己一份安全感。相对于30年代纺织服装业的发展，这一时期工业受到日寇的大肆摧残，许多家庭都买布购线自己制作服装。

✎ 知识拓展

20世纪40年代毛线衣的编织与穿着已成流行之势，家家户户女子都会织毛衣。毛线衣的形制，除了手套、围巾、帽子之外，要数毛线背心、坎肩和毛线外套数量最多，流行最广，最适合穿在衬衣、旗袍外面，保护心背，穿脱方便，既休闲又庄重，在当时的服装搭配中十分引人注目。

二、当代中国服饰审美

随着中华人民共和国的成立，带来了中国社会政治体制、经济制度、阶级结构以及社会成员的思想观念、生活方式等各方面的深刻变革，这一变革对中国服饰的发展产生了深远的影响。全社会流行朴素美，在穿着上更趋向于实用、简洁，逐渐形成了蓝、灰、黑的时代（图5-26）。当时被认为是地主阶级、资产阶级代表服装的长衫、旗袍、西装等都逐渐被抛弃。

女子形象以1956年为分水岭。1949～1956年，随着苏联与中国的革命友谊日益深厚，大批苏联专家到中国来指导生产。此阶段，苏联画报、期刊和电影里面人物的着装和专门开辟的时装专栏间接地影响着中国大众。身穿布拉吉的援华女专家则成为大众直接模仿的对象，布拉吉也成为中国女性最喜爱的服装之一（图5-27）。

中华人民共和国成立初期，女干部、女文艺工作者、女知识分子是引领时代潮流的主要群体。但1956年后，社会不再鼓励女性装扮自己，因此这时女性是以象征人民当家作主的农妇和女工为典范，奉行社会主义大家庭的规则。20世纪50年代最权威的《人民画报》主要宣传的就是这类女性的事迹和形象。城市女性柔美娇媚的审美标准受到巨大的冲击。

20世纪60年代初，伟大领袖毛泽东写下了著名的

图5-26 庆祝中华人民共和国成立的
宣传画报

《为女民兵题照》："飒爽英姿五尺枪，曙光初照演兵场。中华儿女多奇志，不爱红装爱武装。"直到 1966 年毛主席接见了一身军装的女红卫兵，"不爱红装爱武装"才开始风靡于世。这不仅是革命的象征，而且成了当时的时髦装扮。服装款式一致、色彩单调，不分年龄、职业、身份、地位甚至性别的军装盛行，年轻男女以穿军装、红卫兵以洗得发白的绿军装为时尚。身着军装，头戴军帽，臂戴红袖章，腰扎皮带，肩挎"为人民服务"的军用书包，胸配毛主席像章，是当时最时髦的装扮。此外，随着样板戏进入人们生活，"样板形象"也深入全国人民的心中，影响着男女老少，成为那个时代的道德准则与生活信仰。高、大、全的样板形象的审美趣味也成为公众的模仿对象（图 5-28）。

图 5-27　哈尔滨亚麻纺织厂的女工在试穿布拉吉　　图 5-28　20 世纪 60 年代的样板形象

20 世纪 70 年代末，在改革开放的影响下，女性形象发生了深刻而鲜明的变化。绚丽的色彩重新出现在女性的衣饰装扮中，赤、橙、黄、绿、青、蓝、紫代替了单调沉闷的蓝、灰、黑，女性开始勇敢地亮出自己鲜明的性别色彩。伴随着色彩的恢复，女性烫发、化妆开始流行。当时国家领导人多次发表讲话，提倡美化人民的服装穿着，领导人带头穿新式双排扣西装，男子形象也发生着变化。思想解放的年轻人率先穿起新款的服装，人们的服装观念十分活跃，追求新异、时髦的心理不断增强，服装的流行周期开始大大缩短。

20 世纪 70 年代后期高跟鞋得到恢复，此时的鞋跟有高跟、半高跟、坡跟等，同时西方的运动鞋也被引入中国，因为起初只有一个运动品牌"NIKE"，因此运动鞋也被称为"耐克鞋"。手套、围巾、帽子、提包、墨镜等附属物的使用不仅考虑实用功能，还要通过其造型和色彩变化来取得整体的审美效果。

男士西装再次流行，并且普及到了农村。便装有夹克、猎装、风衣、编织的棒针衫和运动装等，不仅款式多样，而且也使用了驼色、酱红、湖蓝、米色等女子服饰的常用色。冬装有了皮夹克、羽绒服、运动型棉夹克等。下装经历了由喇叭裤到牛仔裤的演变过程，之后就是一种中裆和裤脚口的尺寸相一致的直筒裤，80 年代中期起让位给了锥形裤和西裤。

可以说，直至 20 世纪 80 年代以后，中国才开始形成现代意义上的服装产业，这种以大工业生产为基础的、批量制作的方式，使时装在社会上广泛流行，在 80 年代以后得到迅速发展。

20 世纪 90 年代初，邓小平发表南巡讲话，中国再一次掀起深化改革、扩大开放的浪潮。整个 90 年代,中国人穿衣已经越来越不受物质或传统观念的局限,服装的丰富程度和人们思想的解放程度都是前所未有的。这时期不断改变的时尚潮流更多地体现着当代中国社会的开放和面向世界、面向未来。

20 世纪 90 年代是中国服装工业发展最为迅猛的时代。这个时期国内的服装名牌大量涌现,有些品牌已经达到很大规模。女性流行服饰的关键词是露脐装、吊带裙、松糕鞋、哈韩哈日服装。进入 90 年代,从众的着装观念渐被追求个性化所取代。很难说什么是代表性的服装,人们的穿着趋向休闲和多样化。从越来越厚的松糕鞋到新潮前卫的吊带裙、超短裙、露脐装、短背心,女孩们诠释着对时尚的理解。中老年人从看不惯到羡慕年轻人的青春活力,到大胆穿起色彩斑斓的时髦衣服,在对服装时尚的态度上表现出前所未有的宽容。

在经历了 1900 年以来过百年的时代变迁之后,现当代的中西方服饰审美差异日趋融合。中国在结束了清政府的封建统治之后,迅速与国际视野交流碰撞,形成了具有中国文化特色的服饰美学。"多元共生"已经成为 21 世纪服饰的新要求和新特征。

现如今,随着网络新兴科技和人们消费能力的超速发展,淘宝和海淘网站每年的交易额都超亿元。我们已经从原来的"买不上"变成了现在的"买不完"。国内每年举办的中国国际时装周和上海时装周都吸引了海内外的时尚达人前来观摩学习。买手模式的流行也让更多的海外代购品进入国内,服饰搭配有了更多可能(图 5-29)。

图 5-29 上海买手店

除了文理科之外,高考也增加了艺术类的考试选择。通过自己的作品集申请国外优秀的服装设计院校也已经成为中国学生的选择之一。掌握时尚动态和最新搭配的女孩们也会通过互联网进行交流。国与国之间的审美差异正在互联网、物联网的潮流下越来越小。各国、各地域之间正在通过服装设计或服装品牌来表达此时此刻的文化特征和时代印象。

历史长河翻腾而过,留下这些举世瞩目的经典造型,造就了许多深入人心的品牌形象。虽然某些造型在当时看来惊世骇俗,甚至作为时代的禁语冲击并颠覆着传统观念,但它却重塑了人们的审美,在后世一代一代的美学创造者和时尚信徒心中埋下了持久和深情热爱的种子。时至今日,我们仍然可以在秀场发布会上的浮光掠影中捕捉到华丽的"新瓶旧酒"。

第六章
实用服饰搭配案例点评

穿着不仅是外表的展现，还会将一个人的品位、形象、仪态、个性和社会经济状况等特质表露无遗。在封建时代，服装的差别在于贵族穿着绫罗绸缎，平民百姓穿的是未经漂白的粗布衫。今日服饰剪裁分工之细尤甚往昔，这些差异表现在服饰的款式、剪裁、搭配以及配件的选择上（图6-1）。

图 6-1　服饰搭配的细节处理示意

在服饰中，我们也会有自我评价的部分。对自己服饰品位的自信并不是天生的，它是个体在实践中伴随着角色化的过程逐渐形成的。当个体能够把自己从周围环境中分化出来以后，个体就在与周围人们的相互作用中接受着人们的服饰评价，观察着自己的服饰行为。如果一个人的服饰搭配非常得体，经常受到别人的赞扬，尤其是受到了他尊敬的人的表扬，那么他的自信心就会增强。相反，如果他的服饰邋遢随意，因此受到他人的不满和批评，长此以往就会丧失信心，看不到自己的力量。

个人风格是每个人自身散发出来的一种整体风格，是可区别于他人的个性标志。虽然我们每个人都有令自己感到舒适的个人形象风格，但是随着我们步入不同的人生阶段，个人形象风格也会产生相应变化（图6-2）。

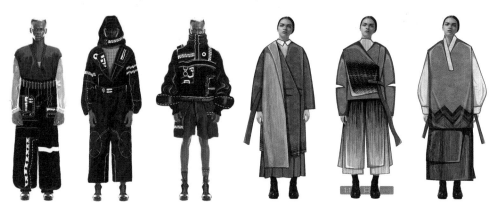

图 6-2　不同的服饰风格举例

美国社会心理学家查尔斯·霍顿·库利（Charles Horton Cooley）认为，别人对自己的态度是自我评价的"一面镜子"。一个人总是处在一定的社会关系中，通过与他人相处，从他人对自己的评价中看到自己的形象，这种自我形象便构成了自我评价的基础。这种追随美丽和自我形象的心理需求，在不同地域文化中会折射出不同的现象，但是其本质都是非常相似的。

第一节　不同场合的服饰搭配

一、服饰搭配的原则

服饰的搭配需要遵循 TOP 原则。TOP 是三个英语单词的缩写，它们分别代表时间（time）、场合(occasion)和地点（place），即着装应该与当时的时间、所处的场合和地点相协调。

（一）时间原则

不同时段的着装规则对女士尤其重要。男士有一套质地上乘的深色西装或中山装足以包打天下，而女士的着装则要随时间而变换。白天工作时，女士应穿着正式套装，以体现专业性；晚上出席酒会就需多加一些修饰，如换一双高跟鞋，戴上有光泽的佩饰，围一条漂亮的丝巾。服饰的选择还要适合季节气候特点，保持与潮流大势同步。

（二）场合原则

衣着要与场合协调。与顾客会谈、参加正式会议等，衣着应庄重考究；听音乐会或看芭蕾舞，则应按惯例穿着正装；出席正式宴会时，可以选择穿着中国的传统旗袍或西方的长裙晚礼服；而在朋友聚会、郊游等场合，着装应轻便舒适。试想一下，如果大家都穿便装，你却穿礼服就有欠轻松；同样的，如果以便装出席正式宴会，不但是对宴会主人的不尊重，也会令自己颇觉尴尬。

（三）地点原则

在自己家里接待客人，可以穿着舒适但整洁的休闲服；如果是去公司或单位拜访，穿职业套装会显得专业；外出时要顾及当地的传统和风俗习惯，如去教堂或寺庙等场所，不能穿过暴露或过短的服装。

二、职业服饰搭配

由于人们的视觉重点放在人的脸部，所以在服饰搭配中，丝巾、围巾和领带永远是起主导作用的，因为它们是服饰中最抢眼的部分。一般来说，应该首先把注意力集中在首饰与上衣的搭配上。在重要的场合时，上衣的颜色应该成为丝巾、领带的基础色（图6-3）。

（一）男士职场服饰搭配案例

领带是白领男士必备的服饰配件，男士每天选择佩戴什么样的领带时，应该首先考虑是以西服为主角还是以领带为主角。领带的色系分为五大类：冷色系的领带给人以冷静和庄严的感觉；暖色系的领带给人以温暖和热情的感觉；明亮色系的领带显得人活泼、富有朝气；暗色的领带会显得严肃冷峻；黑色系的领带一般在吊唁、慰问死者家属或丧礼的场合佩戴。

一旦确定好领带与上衣的搭配，接下来就要选择衬衫或其他上衣了。通常，衬衫的颜色应该与领带颜色中的一种相配。一般而言，领带或丝巾上的图案应该比衬衫上的更显眼。有时可以选择图案都很鲜明的上衣和领带。但是，上衣上的图案最好不要压过领带上的图案。

白色或浅蓝色衬衫配单色或有明亮图案的领带是永不过时的搭配，而且适合任何场合。每位男士都应该至少有一件白色或浅蓝色的衬衫。在领带方面，至少有一条纯藏蓝色或勃艮第葡萄酒红色的领带供白天使用，还应该有一条丝质织花领带或纯黑色领带以备在参加正式晚宴时代替领花使用（图6-4）。

图6-3 职业服饰示意

图6-4 男士职业服饰搭配

✎ 知识拓展

不同的男士领带

（1）斜条纹领带。这类领带会让你看起来有稳重、成熟和睿智的感觉，一般在商务洽谈、推销或者开会、演讲等稍正式的场合佩戴。

（2）方格子领带。这类领带给人的印象比较中规中矩，不太跳跃，适合初次和长辈或者领导见面的时候佩戴。

（3）碎花领带。这类领带会给人一种温暖明媚的感觉，也会给人一种易接触的感觉，所以用在初次约会的时候会让对方想进一步了解你。

（4）不规则图案的领带。这类领带会给人一种有个性、有朝气的感觉。在宴会、酒会或者和朋友聚餐、约会时佩戴都是不错的选择。

（二）女士职场服饰搭配案例

职业女性的着装、仪表必须符合本人的个性、体态特征、职位、企业文化、办公环境、志趣等。如果是出席演讲、路演、谈判场合，女性需要保证优雅端庄的服饰气质。硬挺的西装外套搭配材质柔软的衬衫是常见的职场搭配，它不仅能保有女性温柔的感觉，还可以提升女性气场。纯色的带领连衣裙也是不错的选择，搭配高跟鞋，显得利落干练。最后，收腰服装可以展现女性特有的曲线美，搭配皮带会给人更加精致之感（图 6-5 ）。

　　搭配服饰时，应该考虑到每一个细节。每一件物品都应该与整体存在一定的关系。在女士的职业服饰中，丝巾是非常适合出席正式场合且实用美观的饰品之一。丝巾的各种用途和系法如图 6-6 ～图 6-10 所示。

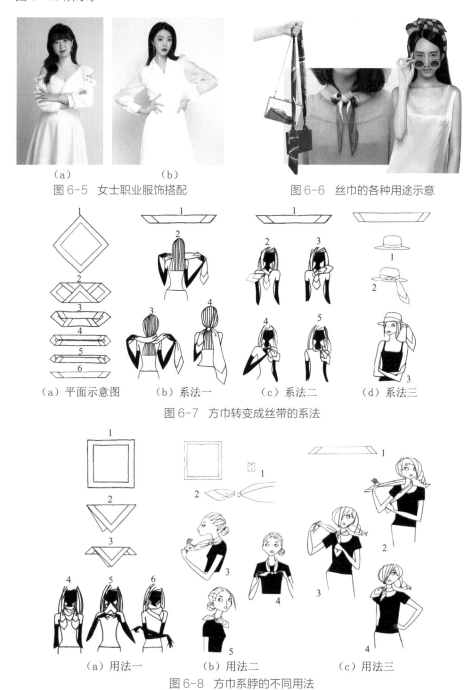

（a）　　　　　　（b）
图 6-5　女士职业服饰搭配　　　　　　图 6-6　丝巾的各种用途示意

（a）平面示意图　　（b）系法一　　（c）系法二　　（d）系法三
图 6-7　方巾转变成丝带的系法

（a）用法一　　　　（b）用法二　　　　（c）用法三
图 6-8　方巾系脖的不同用法

147

（a）用法一　　（b）用法二　　（c）用法三

图 6-9　方巾包头的用法

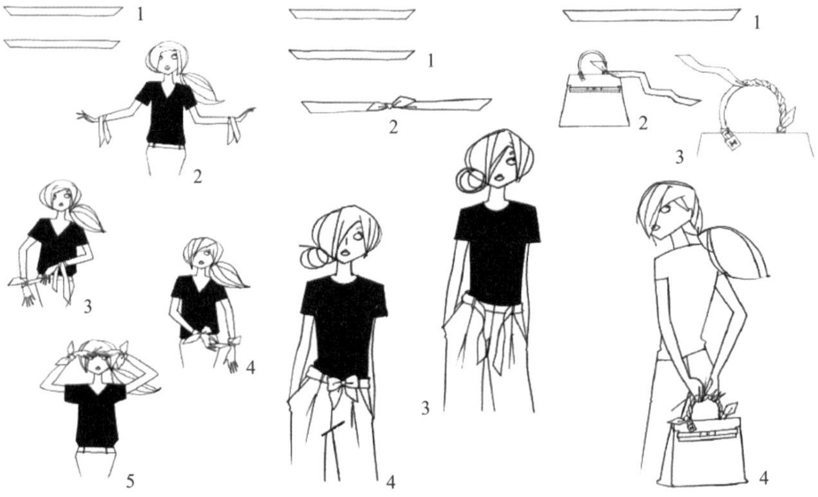

（a）用法一　　（b）用法二　　（c）用法三

图 6-10　丝巾在其他配饰上的用法

（图 6-7 ～图 6-10 源自爱马仕官网）

三、日常社交服饰搭配

日常风格是以穿着与视觉上的轻松、随意、舒适为主，年龄层跨度较大，适应多个阶层日常穿着的服装风格，追求的不仅是时尚，重要的是亲身体验舒适和轻松的感觉。所谓休闲场合，就是人们在公务、工作外，置身于闲暇地点进行休闲活动的时间与空间。居家、健身、娱乐、逛街、旅游等都属于休闲活动。由于现代人生活节奏的加快和工作压力的增大，使人们在业余时间追求一种放松、悠闲的心境，反映在服饰观念上，便是越来越漠视习俗，不愿受潮流的约束，而寻求一种舒适、自然的新型装扮。日常休闲形象是指那些喜欢满足于服装的舒适性、随意性，表现出一种自在怡人的形象。在生活中有很多人会选择休闲随意的服装穿着，这类人群不喜欢被拘束、不自在的感觉。日常休闲形象的设计主要是表达出他们的随和性，使之能更好地与环境融合在一起。面料大多选择纯棉、雪纺纱，以方格、条纹、具象花纹等样式为主，颜色上偏爱无彩色系和有彩色系的搭配。

（一）案例分析一

在忙碌的工作中拥有闲暇一刻，就会选择变化多样的下午茶，调整心态的同时也开阔了心情。下午茶时光，是优雅与惬意的交织。为了更好地享受这一刻的美好，服饰搭配显得尤为重要。在下午茶的聚会中，可以选择泡泡袖 V 领双色拼接连衣裙，黑白简单的配色使整体更加简约优雅，具有松弛感（图 6-11）。

图 6-11　下午茶休闲服饰示例

（二）案例分析二

每一次的旅行，都离不开精心准备的服饰搭配。好的服饰搭配不仅能让你在旅途中保持舒适，更能让你成为一道靓丽的风景线。在选择旅游服饰时，首先要考虑的是旅游的地点和气候。如果是去热带地区，那么轻便、透气的短袖 T 恤和短裤是最佳选择，而对于寒冷的山区，则需要考虑保暖的毛衣、羽绒服等。此外对于海滩度假，泳装自然是必不可少的，而如果要去城市观光，那么一套休闲装或运动装就非常合适。

在颜色的选择上，可以尝试与自然景色的颜色相呼应。比如，在绿色的森林中穿上一件绿色的衣服，在蓝色的海边穿上蓝色的泳装，在古朴的小镇里穿上棕色系服装（图 6-12），这样不仅能让你更好地融入景色中，也能拍出更美的照片。

除了服装外，配饰也是旅游服饰搭配中不可或缺的一部分。帽子、太阳镜、围巾、手套等都是很好的选择，它们不仅可以起到防晒、保暖的作用，也能为整体造型增添一份特色。总的来说，旅游的服饰搭配应该以舒适、实用、美观为主。不论选择什么样的风格，都要让自己在旅途中保持最好的状态，尽情享受每一次的旅行。

图 6-12　旅游服饰示例

（三）案例分析三

每年春暖花开时正是出游的好时节。在校园里，一场别开生面的野餐活动正在酝酿。想要在春日的阳光下留下美好的回忆，除了精心挑选野餐食物外，服饰搭配也至关重要。

时尚潮流与自然风尚的碰撞，是春日野餐的独特魅力所在。轻盈的连衣裙、短裤和 T 恤，是春日野餐的必备单品。这些单品不仅舒适度高，还能让你在春风中自由自在。色彩方面，明亮的颜色更能展现出春日的活力。白色、粉色、蓝色、黄色等柔和的色调，既能展现出少女的甜美，又能给人一种清新的感觉（图 6-13）。

图 6-13　校园野餐服饰示例

最重要的是，春日野餐的穿搭要以舒适自然为主，不要过于拘束。让时尚与自然完美融合，享受春日的暖阳和和煦的微风，留下属于你的春日野餐回忆吧！

四、家庭服饰搭配

家庭服饰涉及在家庭事务中可能需要用到的各种服饰，包括睡衣睡袍、家庭便服、浴袍、围裙等（图 6-14）。家庭服饰要求以舒适干净为主。以现如今流行的家居品牌全棉时代为例，其家居服和睡衣采用全棉、纱布的面料，色彩淡雅简单，受到了大批消费者的认可和青睐。但是对于穿着舒适度要求更高的人群来说，真丝睡衣依然是理想的选择（图 6-15）。

图 6-14　不同用途的家庭服饰

注：从左到右依次为家庭便服、围裙、休闲服、浴袍、睡衣、睡袍

（a）　　　　　　　　　　（b）

图 6-15　女式真丝睡衣示例

　　家庭服饰配饰的搭配通常取决于家庭成员的活动和场合，以及他们的个人喜好和风格。以下是一些常见的家庭服饰配饰搭配。

1. 休闲家庭聚会

　　对于休闲的家庭聚会，家庭成员可以选择轻松舒适的服装，如针织衫、T 恤、衬衫等［图6-16（a）］。配饰可以选择简单而时尚的款式，如帽子、围巾、手表等，以增添个性和活力。

2. 正式家庭活动

　　对于正式的家庭活动，如节日聚会或家庭聚餐，家庭成员可以选择更加整洁和庄重的服装，如衬衫、裙子、西装等。配饰应该更加精致，可以选择领带、领结、珠宝等，以提升整体氛围和形象。

3.户外家庭活动

如果是户外的家庭活动，如野餐、郊游或运动，家庭成员可以选择轻便舒适的服装，如运动裤、运动鞋、T恤等。配饰应该注重实用性和舒适性，如太阳帽、墨镜、运动手表等，以保护自身并增添运动风格。

4.家庭庆祝活动

对于家庭庆祝活动，如生日派对、婚礼或庆祝活动，家庭成员可以选择更加庄重和华丽的服装，如礼服、西装、连衣裙等 [图 6-16（b）]。配饰应该更加精致和华丽，可以选择高质量的珠宝、皮带、手袋等，以彰显特殊场合的重要性和庄重感。

（a）　　　　　　　　　　　　　　　　（b）

图 6-16　家庭服饰搭配示例

无论是哪种场合，家庭服饰配饰的搭配都应该考虑到整体的和谐性和统一感，尊重个人的风格和喜好，同时展现家庭成员的亲和力和品位。

五、婚礼服饰搭配

中国历史悠久，不同的朝代都有其特有的婚礼服饰。这些婚礼服饰有的端庄典雅，有的雍容华贵，都是中华民族几千年文明的精华。最传统的中国婚礼服饰皆是大红色，材料多为丝绸、锦缎等，上面多绣有刺绣，搭配上对比强烈、色彩鲜明，并配上夺目的配饰（图 6-17）。一般而言，要求配金花（簪）一对、金环（镯）一对以及金戒指一对。在传统的婚俗里，龙凤镯和金挂件还要是 9 的倍数，象征"长长久久"之意。在有些地区，"三金"的习俗还有所保留，像翡翠、玉石等也是很多地区的传统婚礼珠宝，拥有 56 个民族的中国，一些少数民族婚礼珠宝也颇有特色。

图 6-17　传统的中国婚礼服饰示例

　　随着时代的发展和中西文化的交流碰撞，我国的婚礼服饰也发生了一系列演变，出现了新中式的杂糅式婚服（图 6-18），在婚庆仪式上也流行中西合璧。伴娘的服饰设计更偏向于小型礼服裙，以雪纺或纱质面料为主，颜色与新娘的白色婚纱要有所区分（图 6-19）。

图 6-18　现代中式婚服设计示例　　　　　图 6-19　带有中式立领设计的婚纱和现代伴娘服示例

六、户外服饰搭配

　　户外服饰是指人们在从事户外活动或旅游度假时穿着的服饰。现代人的生活丰富多彩，户外活动也更加多种多样，如海滨度假、登山、远足、钓鱼、骑行、健身等，都需要有与之相应的服饰搭配（图 6-20）。

（一）海滨度假

　　现在随着经济水平的提高和物质

图 6-20　户外服饰示例

条件的充裕，越来越多的人选择在空闲时间去海滨度假，海滩服饰的穿搭也逐渐成为爱美人士关注的热门。

海滨服饰除了经济美观之外，也要考虑其功能性。由于海滨城市常常伴随着较强的紫外线，需要佩戴墨镜来防护眼睛，披大方巾防晒。同时，最好在泳衣外面穿着质地轻薄的防晒衣。在色彩的选择上，深色服饰容易吸热，所以海滨服饰颜色以浅色为佳（图6-21）。

图6-21 海滨度假服饰示例

由于海滩沙砾较多，容易黏附在鞋帽和箱包上，所以人们在海边游玩时，尽量选用简单、镂空、易打理、易清洗的鞋帽、箱包，比如草编帽、草编包等（图6-22）。同时，由于在阳光直射下沙砾温度较高，应该尽量选用厚底拖鞋来保护脚底，避免烫伤。

图6-22 草编帽、草编包

（二）登山、远足

1. 登山

登山是人们强身健体、呼吸新鲜空气、挑战自我的好方法，登山时需要选择合适的登山服饰，并在此基础上进行搭配。登山衣着都不宜过紧，否则会妨碍血液循环与空间的舒适，且失去一层空气对流的空间，会降低保暖度。登山服饰选择以深色为宜，避免选择绿色、蓝色等环境相近色（图6-23）。

图 6-23 登山服饰示例

知识拓展

登山服饰的穿着目的为保暖、舒适、保护，常采用三层式穿法。

（1）里层。维持皮肤表层温度及舒适感，需贴身才能充分发挥保暖的功用，且不会造成过度摩擦，选择时注意贴身的衣着应适体而勿过紧。可选择PP（聚丙烯）材质制品。

（2）中间层。中间层服装主要提供保暖功能。选择中间层服装时应注意调节性与方便性。可选择羊毛、羽毛和Pile（将合成纤维绕成一个个小环织在一块基布上形成的材料）类制品。

（3）外层。外层服装提供隔绝冷、热及防风、防水的保护功能。应以方便活动、容易穿脱为原则。

2. 远足

相比起登山来说，远足大多会选择较为平坦的地方，着装以时尚休闲类为主，T恤、衬衫、卫衣或棒球衫都是非常适合远足的单品。在搭配帽子时，可以选择渔夫帽、草帽、鸭舌帽等，鞋袜要尽量轻便易行、透气轻薄，并且要耐磨耐脏（图6-24）。

在春秋季节出门远足时，需要注意昼夜温差较大，适合将短袖T恤搭配两用衫、薄外套。在夏季出门时，

图 6-24 远足服饰示例

要注意防暑防晒，服饰选取明快清淡的颜色为佳。

（三）健身

随着互联网技术的发展，因为职业需求对笔记本、平板电脑等高科技产品的使用频率大大提升，人们也习惯在办公桌前一坐就是好几个小时，身体缺乏运动和放松伸展。于是，健身房成了现代都市必不可少的运动场所，运动服饰的消费也逐渐增长。

相比起其他服饰来说，运动服饰更加注重服饰的功能性选择，无论是面料还是版型，都更加需要遵循实用原则。其次，运动服饰在功能性的基础上，也需要考虑人们穿着时的美观体验。例如人们在练习瑜伽、跳健美操等活动时，也希望能够展示自己美好的体态和优美的身材曲线（图6-25）。

图6-25　运动健身服饰示例

第二节　着装建议

服饰的搭配常常需要在总结视觉规律的基础上，灵活运用各种审美法则来帮助我们修饰体型、提高自信。其中包括视错、色彩衬托等技巧。本节通过一些视觉规律和案例分析，为需要提升自己或他人着装品位、着装效果的人提供实用的参考和建议。

一、横条显瘦物极必反

"线条"在服装设计中起着十分重要的作用，显瘦技巧和线条视错密不可分。人人都知道穿横条纹一定会显胖，所以许多偏胖体型的人都不敢尝试横条纹的服装。其实不是所有的横条纹服装都会显胖，有些横条纹的服装恰恰穿了会显瘦。穿着横条纹要越细越多，才越显纤细，这是横条纹视错的运用（图6-26）。

图6-26　横条纹的妙用举例

二、竖条显瘦未必简单

利用竖线条显瘦也需要技巧，竖条纹不能很细很密，更重要的是数量不能太多。竖条纹超过三条，显瘦效果便开始变质。很明显，一条或者两条的竖条纹瘦身效果最好，所以并不是所有竖线条都会让人变瘦。

如图6-27所示的不同材质的竖条纹服饰，都有延伸拉长的效果，不同的服装造型则打造出不同的效果，或宽松肥大、或紧身窄小，以表现随意自在、个性张扬的生活态度和设计风格。

图6-27　竖条纹服饰示例

虽说细密的竖条纹会产生膨胀的视错感觉，但是细密的竖线条或横线条服装搭配外套，又可能会产生另一种效果。如图6-28所示，浅色条纹内搭与深色外套的搭配使得视觉重心集中在浅色部分，使主体显得纤瘦。

图 6-28　横竖条纹内搭示例

三、不对称款式让身材瞬间高挑显瘦

除了面料本身的图案外，还可以用装饰物来产生类似竖线条的效果，比如一排鲜明的纽扣、上衣的前衣襟包边、胸两侧的公主线等。

如图 6-29 所示的模特服装中的纽扣连成一条竖线的效果，显瘦效果很好，这种服装不仅运用了竖线视错，而且用到了不对称视错。竖线在服装款式中的安排不均匀、左右不对称的分布格局就是"不对称视错"。由此我们受到启发，不对称的设计同样可以令人显高变瘦。不对称的侧绣花或者不同面料材质的侧面拼接，能够很好地修饰体形（图 6-30）。

图 6-29　纽扣点缀的服装

图 6-30　不同面料侧面拼接的服装

四、斜线越斜越长越显瘦高

斜线是一种充满动感且活泼青春的线条，比起四平八稳的横线和竖线更显活力。不仅如此，

斜线还可以让人尽享显瘦显高的个人魅力。斜线不仅存在于服装的图案中，还存在于服饰品的搭配中，例如在人们斜挎包包时，包带也会产生斜线的效果（图6-31）。在掌握了横线视错、竖线视错、斜线视错后，我们还可以进一步利用这三种线条混搭，效果一定更出彩。

五、全身一色打底，亮点越高个子越高

服饰搭配时，可通过亮色打造亮点，亮点越高会显得个子越高。注意打造亮点时不要使整个上衣的颜色都鲜亮起来，这样大面积的亮色已经不是"亮点"，整个上身都变成"亮面"，无论是

图6-31 含有斜线效果的服饰搭配

胖体型还是矮个子都不适合这样的打扮。可选择同色的套装、裙装、裤装均可，连衣裙更好，即便是不同的颜色混搭，也要保证上下装的色彩尽量近似。全身一色，上下连身，色彩的视觉要有连贯性，因为自上而下一色贯穿，不容易引起他人目光的注意，然后在胸部以上点缀特别鲜亮的装饰色，会形成悦目的视觉亮点，在绝对耀眼的同时，给人以高挑的视觉效果。

如图6-32（a）中的模特，全身打底的色调为白色，只有领口处是黑色领结。亮色部分越高，视觉被吸引处越高；图6-32（b）中的模特全身搭配为白色和卡其色的浅色系，搭配黑色相机包，亮点部分就在中间位置。

图6-32 高低亮点服饰示例

参考文献

[1] 叶立诚. 服饰美学 [M]. 北京：中国纺织出版社，2001.

[2] 王渊. 服饰搭配艺术 [M]. 2 版. 北京：中国纺织出版社，2014.

[3] 张原. 现代服饰形象设计 [M]. 上海：东华大学出版社，2014.

[4] 郭丽. 服饰形象设计 [M]. 重庆：西南大学出版社，2015.

[5] 肖彬. 形象设计概论 [M]. 北京：中国劳动社会保障出版社，2013.

[6] 吴卫刚. 服装美学 [M]. 北京：中国纺织出版社，2000.

[7] 华梅. 服饰美学 [M]. 北京：中国纺织出版社，2003.

[8] 高秀明. 服装十讲：风格·流行·搭配 [M]. 上海：东华大学出版社，2014.

[9] 张海波. 服装情感论 [M]. 北京：中国纺织出版社，2011.

[10] 黄元庆. 服装色彩学 [M]. 5 版. 北京：中国纺织出版社，2010.

[11] 张富云，吴玉娥. 服饰搭配艺术 [M]. 2 版. 北京：化学工业出版社，2017.

[12] 蔡子谔. 中国服饰美学史 [M]. 石家庄：河北美术出版社，2001.

[13] 李当岐. 服装学概论 [M]. 北京：高等教育出版社，1998.

[14] 乔洪. 服装导论 [M]. 北京：中国纺织出版社，2012.

[15] 李正. 服装学概论 [M]. 北京：中国纺织出版社，2007.

[16] 肖彬. 形象设计概论 [M]. 北京：中国劳动社会保障出版社，2004.

[17] 李京姬，金润京，金爱京. 形象设计 [M]. 北京：中国纺织出版社，2015.

[18] 钟蔚. 形象设计与表达：色彩·服饰·妆容 [M]. 北京：中国纺织出版社，2015.

[19] [美] 尼娜·加西亚著. 我的 100 件时尚单品 [M]. 吕方兴译. 北京：中信出版社，2012.

[20] 孟萍萍. 服饰美学 [M]. 武汉：武汉理工大学出版社，2012.

[21] 刘瑜. 中西形象设计史 [M]. 上海：上海人民美术出版社，2010.

[22] [美] 尼娜·加西亚著. 我的风格小黑皮书 [M]. 吕方兴译. 北京：中信出版社，2012.

[23] 刘望微. 服饰美学 [M]. 北京：中国纺织出版社，2019.

[24] 李芳. 设计师的服装与服饰设计色彩搭配手册 [M]. 北京：清华大学出版社，2021.

[25] 李正. 形象设计 [M]. 北京：中国纺织出版社，2023.

[26] 刘晓刚. 服装学概论（修订本）[M]. 上海：东华大学出版社，2023.

[27] 徐丽. 服装色彩搭配设计师必备宝典 [M]. 北京：清华大学出版社，2016.

[28] 徐恒醇. 设计美学概论 [M]. 2 版. 北京：北京大学出版社，2020.

[29] 临风君. 形象管理与时尚穿搭 [M]. 北京：人民邮电出版社，2023.

[30] [美] 劳伦·韦杰著. 完美配色——源自时尚、艺术与风格 [M]. 李婵译. 沈阳：辽宁科学技术出版社，2018.